高等工科学校教材

机械制造技术基础习题集

丁江民　编

机械工业出版社

本习题集有助于规范化机械制造技术基础课程的作业，便于巩固学习内容、检验学习效果，适用于期末复习及备考。本习题集分六章，分别是第1章机械加工方法、第2章金属切削原理与刀具、第3章金属切削机床、第4章机床夹具原理与设计、第5章工艺规程设计和第6章机械制造质量分析与控制。本习题集题目广泛、内容深入，不仅可作为本科生的辅助学习习题集，也可作为许多考研的学生备考机械制造技术基础课程的辅助学习材料。

图书在版编目（CIP）数据

机械制造技术基础习题集/丁江民编. —北京：机械工业出版社，2019.12（2025.1重印）
高等工科学校教材
ISBN 978-7-111-64503-0

Ⅰ. ①机… Ⅱ. ①丁… Ⅲ. ①机械制造工艺-高等学校-习题集 Ⅳ. ①TH16-44

中国版本图书馆 CIP 数据核字（2020）第 007902 号

机械工业出版社（北京市百万庄大街22号 邮政编码100037）
策划编辑：余 皥　责任编辑：余 皥　王勇哲
责任校对：李 婷　封面设计：张 静
责任印制：邰 敏
北京富资园科技发展有限公司印刷
2025年1月第1版第2次印刷
260mm×184mm·7.5印张·183千字
标准书号：ISBN 978-7-111-64503-0
定价：19.80元

电话服务　　　　　　　　网络服务
客服电话：010-88361066　　机 工 官 网：www.cmpbook.com
　　　　　010-88379833　　机 工 官 博：weibo.com/cmp1952
　　　　　010-68326294　　金 书 网：www.golden-book.com
封底无防伪标均为盗版　机工教育服务网：www.cmpedu.com

前 言

机械制造技术基础是机械类相关专业重要的专业技术基础课。该课程包含了机械制造技术中几乎所有的共性基础知识和基本技能，以切削理论为基础，以制造工艺为主线，兼顾工艺装备知识，并涵盖材料、刀具、工艺和机床的基本理论。该课程内容涉及知识面宽、知识点多、综合性强，与实际工程联系密切。

为了更好地帮助学生学习并掌握机械制造技术基础课程相关知识，配合《机械制造技术基础》教材进行教学，编者特编写了本习题集。

本习题集有助于规范化机械制造技术基础课程的作业，便于巩固学习内容、检验学习效果，适用于期末复习及备考。本习题集分六章，分别是第1章机械加工方法、第2章金属切削原理与刀具、第3章金属切削机床、第4章机床夹具原理与设计、第5章工艺规程设计和第6章机械制造质量分析与控制。本习题集题目广泛、内容深入，不仅可作为本科生的辅助学习习题集，也可作为许多考研的学生备考机械制造技术基础课程的辅助学习材料。

本习题集经过多年的校内试用，得到了广大师生的良好评价，授课教师和上课学生也对本习题集提出了许多改进建议，在此深表感谢。

本习题集采用作业本的形式，以方便学生使用和教师批改。限于编者水平，书中不妥之处在所难免，敬请批评指正。

编　者

目 录

前 言
第1章 机械加工方法 1
    知识要点 1
    习题 2
第2章 金属切削原理与刀具 5
    知识要点 5
    习题 10
第3章 金属切削机床 23
    知识要点 23
    习题 25
第4章 机床夹具原理与设计 34
    知识要点 34
    习题 36
第5章 工艺规程设计 58
    知识要点 58
    习题 62
第6章 机械制造质量分析与控制 86
    知识要点 86
    习题 91
参考文献 115

第1章 机械加工方法

知 识 要 点

1.1 零件成形方法

（1）去除材料成形
（2）堆积材料成形
（3）材料受迫成形

1.2 机械加工方法

（1）车削

主运动为主轴的旋转。

能成形内或外圆柱面、内或外圆锥面、旋转曲面、内或外螺纹、车端面、钻孔、扩孔、铰孔，以及进行切槽、滚花等。

（2）铣削

主运动为铣刀轴的旋转。

分顺铣和逆铣。

能成形平面、曲面、齿面等表面。

（3）刨削和插削

主运动为刨刀或插刀的往复运动。

能成形平面、沟槽等表面。

（4）钻削与镗削

钻削的主运动是钻轴的旋转，镗削的主运动是镗轴的旋转。

钻削能成形孔（钻、扩、铰）、螺纹孔，位置精度较低。镗削能成形较大的孔，位置精度较高。

（5）齿面加工

主运动为成形齿刀（或滚齿刀）的旋转或插齿刀的往复运动。

能成形齿轮齿面。

（6）复杂曲面的数控联动加工

主运动为铣刀的旋转。

能成形复杂曲面。

（7）磨削

主运动为砂轮的旋转。

能成形较精密的平面、内或外圆柱面、内或外圆锥面、曲面等。

1.3 特种加工

特种加工是利用化学、物理（电、声、光、热、磁）或电化学方法对工件材料进行去除的加工方法。

包括化学加工、电化学加工、电化学机械加工、电火花加工、电接触加工、超声波加工、激光束加工、离子束加工、电子束加工、等离子体加工、电液加工、磨料流加工、磨料喷射加工、液体喷射加工、高压水射流加工、磁流变抛光及各类复合加工。

习 题

1-1 车削能成形哪些表面?

1-2 镗削与车削有哪些不同?

1-3 刨削与插削有什么不同?

1-4 孔的精加工方法有哪些?铰孔和镗孔分别适合什么场合?

1-5 铣削的特点是什么?有哪些方式?

1-6 磨削工件的平面有哪几种方法？各有什么优缺点？

1-7 试述滚切斜齿轮时的四条传动链。

1-8 特种加工在成形工艺方面与切削加工有什么不同?

1-9 简述电解加工、电火花加工、激光加工、超声波加工、水射流加工及磁流变抛光的表面成形原理和应用范围。

第 2 章　金属切削原理与刀具

知 识 要 点

2.1 零件表面的形成方法

（1）轨迹法

利用刀具做一定规律的轨迹运动来对工件进行加工的方法。

（2）成形法

利用成形刀具对工件进行加工的方法。

（3）相切法

利用刀具边旋转边做轨迹运动来对工件进行加工的方法。

（4）展成法

利用刀具和工件做展成切削运动来进行加工的方法。

2.2 切削运动

注意区分主运动和进给运动。主运动的速度最高，所消耗的功率最大。一般进给运动的速度较低，消耗的功率较小，可以由一个或多个运动组成。

2.3 切削深度

工件上已加工表面和待加工表面间的垂直距离。

2.4 标注角度参考系

（1）刀具基面

通过主切削刃选定点且垂直于主运动方向的平面。

（2）刀具切削平面

通过主切削刃选定点与主切削刃相切并垂直于基面的平面，即切削刃与切削速度方向构成的平面。

（3）刀具的主剖面

通过切削刃选定点，同时垂直于基面和切削平面的平面。

（4）刀具的法剖面

通过切削刃选定点并垂直于切削刃的平面。

（5）前角

在主剖面内度量的基面与前刀面的夹角（当前刀面与切削平面间的夹角小于90°时取正号，大于90°时取负号）。

（6）后角

在主剖面内度量的后刀面与切削平面的夹角。

（7）刃倾角

在切削平面内度量的主切削刃与基面的夹角。

（8）主偏角

在基面内度量的切削平面与进给平面间的夹角，也是主切削刃在基面上的投影与进给运动方向的夹角。

（9）副偏角

在基面内度量的副切削刃与进给运动方向在基面上的投影间的夹角。

2.5 切削用量三要素

切削速度 v_c、进给量 f 或进给速度 v_f、背吃刀量（切削深度）a_p。

2.6 切削层几何参数

（1）切削宽度

沿主切削刃方向度量的切削层尺寸，单位为 mm。

（2）切削厚度

两相邻加工表面间的垂直距离，单位为 mm。

（3）切削面积

切削层垂直于切削速度截面内的面积，单位为 mm^2，等于切削宽度与切削厚度的乘积。

2.7 常用刀具

（1）车刀

包括直头外圆车刀、45°弯头外圆车刀、90°弯头外圆车刀、端面车刀、内孔车刀、切断刀和宽刃光刀。

（2）孔加工刀具

包括麻花钻、中心钻、深孔钻、扩孔钻、铰刀和镗刀。

（3）铣刀

包括加工平面铣刀（圆柱平面铣刀、面铣刀等）、加工沟槽铣刀（立铣刀、两面刃或三面刃铣刀、锯片铣刀、T形槽铣刀和角度铣刀）和成形铣刀。

（4）拉刀

包括内拉刀、外拉刀。

（5）螺纹刀具

包括平体螺纹梳刀、棱体螺纹梳刀、圆体螺纹梳刀、板牙和丝锥。

（6）齿轮刀具

包括成形齿轮刀具（盘形齿轮铣刀、指形齿轮铣刀等）、展成齿轮刀具（插齿刀、滚刀和剃齿刀）。

2.8 常用刀具材料

包括高速钢、硬质合金、陶瓷材料、涂层材料、金刚石和立方氮化硼。

2.9 刀具材料应具备的基本性能

（1）高于工件材料的硬度
（2）足够的强度和韧性
（3）好的抵抗磨损能力
（4）良好的耐热性、抗扩散和抗氧化能力
（5）尽量大的导热系数和小的线膨胀系数
（6）良好的工艺性和经济性

2.10 硬质合金分类及应用范围

（1）分类

包括钨钴类（YG 类）、钨钛钴类（YT 类）、通用硬质合金（YW 类）和 TiC（N）基硬质合金（YN 类）等。

（2）应用范围

可以加工包括淬硬钢在内的多种材料。

2.11 切削变形区

（1）第一变形区（塑性变形区）
（2）第二变形区（摩擦变形区）

(3) 第三变形区（加工表面变形区）

2.12 切屑类型

(1) 带状切屑
(2) 挤裂切屑
(3) 单元切屑
(4) 崩碎切屑

2.13 积屑瘤

在大的挤压力作用下，会使切屑底层金属与前刀面的外摩擦力超过分子间结合力，一些金属材料冷焊黏附在前刀面切削刃附近，逐渐形成硬度很高的瘤状楔块。

2.14 切削力

分为主切削力（切向力）、进给力（轴向力）和背向力（切深抗力）。

2.15 切削温度

前刀面与切屑接触区内的平均温度，由切削热的产生与传出的平衡条件所决定。

2.16 切削液的作用

(1) 冷却作用

切削液能够降低切削温度。

(2) 润滑作用

进行金属切削时，切屑、工件和刀具间的摩擦可分为干摩擦、流体润滑摩擦和边界润滑摩擦三类。

切削液的润滑性能与切削液的渗透性、形成润滑膜的能力及润滑膜的强度密切相关。

(3) 清洗与缓蚀作用

切削液可以清洗掉切屑，防止划伤已加工表面和机床导轨面；能在金属表面形成保护膜，起到缓蚀作用。

2.17 常用切削液

(1) 水溶液
(2) 乳化液
(3) 切削油

2.18 影响切削温度的主要因素

(1) 切削用量
(2) 工件材料
(3) 刀具角度
(4) 刀具磨损
(5) 切削液

2.19 刀具磨损

(1) 刀具磨损形式

主要有前刀面磨损和后刀面磨损。

(2) 刀具磨损过程

包括初期磨损、正常磨损和急剧磨损。

(3) 刀具磨损原因

包括磨料磨损、黏结磨损、扩散磨损和化学磨损。

2.20 磨钝标准

国际标准ISO统一规定以1/2背吃刀量处刀具后刀面上测定的磨损带宽度VB作为磨钝标准。

2.21 切削用量的选择

在保证加工质量、降低成本和提高生产率的前提下，使切削速度v_c、进给量f或进给速度v_f、背吃刀量a_p的乘积最大。其中，a_p对刀具使用寿命影响最小，f或v_f次之，v_c最大。

2.22 工件材料切削加工性

相对加工性$K_r = v_{60}/(v_{60})_j$。其中，v_{60}指当刀具寿命为60min时，切削某种材料所允许的最大切削速度；$(v_{60})_j$为切削正火状态45钢的v_{60}。

2.23 难加工材料的切削加工性

高锰钢加工硬化严重，塑性变形会使奥氏体组织变为细晶粒的马氏体组织，硬度急剧增大，造成切削困难。奥氏体不锈钢中的铬、镍含量较大，铬能提高不锈钢的强度及韧性，但使加工硬化严重，易粘刀。奥氏体不锈钢导热性差，切削温度高。

2.24 改善切削加工性的基本方法

（1）在材料中适当添加化学元素

在钢材中添加适量的硫、铅等元素，能够破坏铁素体的连续性，降低材料的塑性，使切削轻快，切屑容易折断。

在铸铁中加入合金元素铝、铜等，能够使铸铁分解出石墨，利于切削。

（2）采用适当的热处理方法

正火处理可以提高低碳钢的硬度，降低其塑性，以减少切削时的塑性变形，改善加工表面质量；球化退火可使高碳钢中的片状或网状渗碳体转化为球状，降低钢的硬度；对铸铁进行退火，能消除白口组织和硬皮，降低表层硬度。

（3）采用新的切削加工技术

采用加热切削、低温切削、振动切削等新的加工方法，可以有效地解决一些难加工材料的切削问题。

2.25 前角的功用及选择

增大前角能减小切屑变形和摩擦，降低切削力、切削温度，减小刀具磨损，抑制积屑瘤和鳞刺的生成，改善加工表面质量。

前角过大会削弱切削刃的强度和散热能力，使刀具磨损加剧，导致刀具使用寿命缩短。

选择前角的原则如下：

1）工件材料的强度、硬度低，塑性大，前角数值应取大些，可减少切屑变形，降低切削温度。加工脆性材料时，应选取较小的前角，因变形小，刀具与切屑的接触面小。

2）刀具材料的强度和韧性好，则应选用较大的前角。如高速钢刀具可采用较大前角。

3）粗切时，为增强切削刃强度，前角取小值。工艺系统刚性差时，前角应取大值。

2.26 后角的功用及选择

增大后角能减少后刀面与过渡表面间的摩擦，还可以减小切削刃圆弧半径，使刃口锋利。但后角过大会减小切削刃强度和散热能力。

后角主要根据切削层公称厚度 h_D 选取。

粗切时，进给量大，切削层公称厚度大，应取小值；精切时，进给量小，切削层公称厚度小，应取大值，可延长刀具使用寿命和提高已加工表面质量。

当工艺系统刚性较差或使用有尺寸精度要求的刀具时，取较小的后角。

工件材料的硬度越大，后角应越小。

2.27 刃倾角的选择

选择刃倾角时主要根据切削条件和系统刚性。精切时，$\lambda_s = 0° \sim 5°$；粗切时，$\lambda_s = -5° \sim 0°$。工艺系统刚性不足时，刃倾角应取正值。

2.28 主偏角和副偏角的功用及选择

主偏角主要影响切削层截面的形状和几何参数，影响背向力 F_p 与进给力 F_f 的比例及刀具的使用寿命，并和副偏角一起影响已加工表面的表面粗糙度。副偏角越小，则工件表面的残留面积越小，表面粗糙度 Ra 值越小。

加工工艺系统的刚性不足时，应选用较大的主偏角。

粗加工时，一般选用较大的主偏角（$\kappa_r = 60° \sim 75°$），以减少振动，延长刀具的使用寿命。

加工强度、硬度高的材料，如系统刚性较好，则应选用较小的主偏角。

在不影响摩擦和不产生振动的条件下，可选取较小的副偏角。外圆车刀的副偏角一般为 $5° \sim 15°$。

习 题

2-1 车削、铣削、刨削、钻削和磨削各种加工方法的主运动和进给运动是什么?

2-2 试用简图表示应用下列方法加工所需表面时,需要哪些成形运动?其中哪些是简单运动?哪些是复合运动?
(1) 普通外圆车刀车外圆锥面
(2) 成形车刀车削外圆锥面
(3) 尖刃车刀纵横向同时走刀车削外锥面
(4) 麻花钻钻孔
(5) 拉刀拉削圆柱孔
(6) 插齿刀插削直齿圆柱齿轮
(7) 三角形螺纹车刀车螺纹
(8) 丝锥攻螺纹
(9) 窄砂轮磨(长)圆柱表面

2-3 车刀的角度是如何定义的？标注角度与工作角度有何不同？

2-4 如下图所示，应用45°弯头车刀车端面，试指出其假定主运动方向、假定进给运动方向和车刀切削部分的组成要素，绘出并注明主剖面、切削平面和基面。试标注车刀在参考系中的基本角度。设 $\gamma_o = 15°$，$\alpha_o = 6°$，$\lambda_s = 5°$。

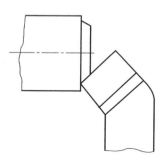

2-5 试画图并标出如下图所示切断刀正交剖面（主剖面）参考系中的角度，$\gamma_o = 10°$、$\alpha_o = 8°$、$\alpha_o' = 3°$、$\kappa_r = 90°$、$\kappa_r' = 80°$、$\lambda_s = 0°$。另示意标出切削时的背吃刀量 a_p、进给量 f 及切削层参数中的切削厚度 a_c、切削宽度 a_w。

2-6 欲将一外径为 ϕ100mm 的圆钢型材一次性车削加工成直径为 ϕ90mm 的工件，选用 $f = 0.5$mm/r，$n = 240$r/min。试求切削速度 v_c、进给速度 v_f 和背吃刀量 a_p。

2-7 下图所示为用端面车刀切削工件端面示意图。已知刀具角度：$\kappa_r = 75°$，$\kappa_r' = 15°$，$\gamma_o = 10°$，$\alpha_o = 5°$，$\lambda_s = 10°$；切削用量：$a_p = 3\text{mm}$，$f = 0.3\text{mm/r}$。

（1）画出确定端面车刀形状的最基本刀具标注角度图，计算其 γ_n 和 α_n。

（2）示意标出 a_p、b_D 和 h_D，计算 A_D。

2-8 下图所示为车削直径为 D 的内环槽，刃磨角度为 γ_o 和 α_o，当切削刃（$\lambda_s = 0°$）高于工件中心高 h 时，其工作角度 γ_{oe} 和 α_{oe} 各有什么变化？作图表示。

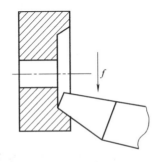
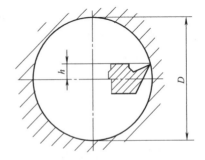

2-9 刀具材料应具备哪些性能？常用刀具材料有哪些？各有何优缺点？

2-10 常用硬质合金刀具材料有哪几类？常用牌号有哪些？其性能特点如何？

2-11 粗车下列工件材料外圆时，选择哪些刀具材料较合适？
(1) 45钢
(2) 灰铸铁
(3) 黄铜
(4) 铸铝
(5) 不锈钢
(6) 钛合金
(7) 高锰钢
(8) 高温合金

2-12 切削过程的三个变形区各有何特点？

2-13 分析积屑瘤产生的原因及其对加工的影响。生产中最有效的控制积屑瘤的方法是什么？

2-14 切屑与刀具前面之间的摩擦与一般刚体之间的滑动摩擦有无区别？若有区别，二者有何不同之处？

2-15 切削变形系数、相对滑移和剪切角之间有什么关系？

2-16 切屑有哪些类型？各有什么特征？它们是在什么条件下形成的？

2-17 前角、切削速度和进给量对切削变形有什么影响？

2-19 分别试述卷屑和断屑的机理和方法。

2-18 试述机械加工过程中鳞刺产生的原因，分析其对加工表面质量的影响。

2-20 车削时切削力为什么常分解为三个互相垂直的分力来分析？试说明这三个分力的作用。

2-21 金属切削过程中切削力的主要来源是什么？

2-23 用硬质合金车刀粗车外圆，工件材料为45钢（调质229HBS），已知 $v_c = 100\text{m/min}$、$a_p = 3\text{mm}$、$f = 0.3\text{mm/r}$、$\kappa_r = 45°$，$\gamma_o = 10°$，$\lambda_s = 0°$，试求主切削力 F_c、进给力 F_f、切深抗力 F_p 的大小和切削功率 P_m。

2-22 切削速度、背吃刀量和进给量对切削力的影响有何不同？

2-24 已知金属切除率 $Q_z = B \cdot v_c \cdot a_p \cdot f$，切削速度 $v_c = \dfrac{C}{a_p^{0.15} \cdot f^{0.4}}$，其中 B、C 为常数，试问：

（1）若将 a_p 增大三倍，v_c 将降低多少？金属切除率将增加多少？

（2）若将 f 增大三倍，v_c 将降低多少？金属切除率将增加多少？

2-25 切削热是如何产生和传出的？仅通过切削热产生的多少能否说明切削区温度的高低？

2-26 切削温度的含义是什么？它在刀具上是如何分布的？试绘制示意图说明前刀面温度的分布情况。

2-27 切削液的作用机理是什么？有哪些种类？各有什么特点？

2-28 背吃刀量和进给量对切削力和切削温度的影响是否一样？为什么？如何运用这一规律指导生产实践？

2-29 增大前角可以使切削温度降低的原因是什么？是不是前角越大切削温度越低？

2-30 车刀切削时，用示意图表示其温度场中最高温度处，说明其原因。

2-31　画图表示主偏角 κ_r 对切削温度的影响规律。

2-32　刀具的正常磨损过程可分为几个阶段？各阶段的特点是什么？刀具使用时磨损应限制在哪一阶段？

2-33　什么是刀具磨钝标准？它与哪些因素有关？

2-34　什么是刀具寿命？刀具寿命和磨钝标准有什么关系？磨钝标准确定后，刀具寿命是否就确定了？

2-35 切削用量对刀具磨损有何影响？在 $VT^m = C$ 关系中，指数 m 的物理意义是什么？不同刀具材料的 m 值为什么不同？

2-37 选择切削用量的原则是什么？从刀具寿命出发时，按什么顺序选择切削用量？从机床动力出发时，按什么顺序选择切削用量？为什么？

2-36 粗加工时进给量的选择受到哪些因素限制？当进给量受到表面粗糙度限制时，有什么办法能增加进给量，同时保证表面粗糙度要求？

2-38　工件材料切削加工性为什么是相对的？通常用什么指标来衡量工件材料切削加工性？改善工件材料的切削加工性有什么途径？

2-39　在 CA6140 车床上粗车、半精车一套筒的外圆，材料为 45 钢（调质），抗拉强度 R_m = 681.5MPa，硬度为 200~230HBW，毛坯尺寸 $d_w \times l_w$ = 80mm×350mm，车削后的尺寸 $d = \phi 75$mm，L = 340mm，表面粗糙度 Ra 值均为 3.2μm。试选择刀具类型、材料、几何参数及切削用量。

2-40　试比较磨削和单刃刀具切削的异同。

2-41　分析高速切削时切削力、切削热与切削速度之间的关系。

2-42　高速切削是如何定义的？有哪些优点？

第 3 章 金属切削机床

知 识 要 点

3.1 机床的基本组成部分

(1) 动力源
(2) 传动系统
(3) 支承件
(4) 工作部件
(5) 控制系统
(6) 冷却系统
(7) 润滑系统
(8) 其他装置

3.2 机床的运动

(1) 表面成形运动
(2) 辅助运动

包括切入运动、各种空行程运动和其他辅助运动（如分度运动等）。

3.3 机床的主要技术参数

(1) 尺寸参数

反映机床的加工范围，包括主参数、第二主参数等。

(2) 运动参数

机床执行件的运动速度。

(3) 动力参数

机床电动机的功率或最大转矩。

3.4 机床精度

(1) 几何精度

机床空载条件下，在不运动或运动速度较低时各主要部件的形状、相互位置和相对运动的精确程度。

(2) 运动精度

机床空载并以工作速度运动时，各主要零部件的几何位置精度。

(3) 传动精度

机床传动系统各末端执行件之间运动的协调性和均匀性。

(4) 定位/重复定位精度

定位精度是指机床定位部件到达规定位置的精度。重复定位精度是指机床定位部件反复多次运动到规定位置时精度的一致程度。

(5) 工作精度

试件的加工精度。

(6) 精度保持性

规定工作期内保持机床所要求的精度。

3.5 机床刚度

机床系统抵抗变形的能力,包括静刚度和动刚度。

3.6 机床分类

分 12 大类,包括车床、钻床、镗床、铣床、刨插床、拉床、磨床、锯床、齿轮加工机床、螺纹加工机床、特种加工机床和其他机床。

3.7 外联系传动链

联系动力源和执行件,使执行件达到预定速度的运动,并传递一定动力的传动系统称为外联系传动链。可以有变速机构和换向机构。其变化只影响生产率或表面粗糙度,不影响发生线的性质,不要求有严格的传动比关系。

3.8 内联系传动链

联系复合成形中的各个运动分量,所联系的执行件之间的相对速度有严格要求,以确保运动轨迹的正确性。

有严格的传动比要求,其中不能使用摩擦传动或瞬时传动比有变化的传动。

3.9 电气伺服进给传动系统的控制类型

(1) 开环系统

开环系统中执行件实际位移量没有检测和反馈装置。

(2) 闭环系统

闭环系统中执行件实际位移量或速度有检测和反馈装置,能将误差实时反馈给控制系统进行修正。

(3) 半闭环系统

检测元件不是直接安装在执行部件上,而是安装在进给传动系统中间部位的旋转部件上。

3.10 伺服驱动部件

(1) 步进电动机
(2) 直流伺服电动机
(3) 交流伺服电动机
(4) 直线伺服电动机

3.11 主轴部件的基本要求

(1) 旋转精度高
(2) 刚度大
(3) 抗振性强
(4) 温升和热变形较小

3.12 机床支承件的基本要求

(1) 足够的刚度和较高的刚度-质量比
(2) 较好的动态特性
(3) 热稳定性好
(4) 排屑畅通、吊运安全并具有良好的结构工艺性

3.13 机床导轨的技术要求

(1) 导向精度高
(2) 承载能力大且刚度好
(3) 精度保持性好
(4) 低速运动平稳

习 题

3-1 机床常用的技术性能指标有哪些？

3-2 试说明如何区分机床的主运动和进给运动。

3-3 说出下列机床的名称和主参数，并说明它们各具有何种通用或结构特性：

CM6132

C1336

C2150×6

Z3040×16

T6112

T4163B

XK5040

B2021A

Y3150E

CA6140

MBG1432

L6120

DK7725

3-4 简述电气伺服传动系统分类中开环、闭环和半闭环系统的区别。

3-6 导轨应满足哪些基本技术要求？

3-7 支承件应满足哪些基本技术要求？

3-5 主轴部件应满足哪些基本技术要求？

3-8 刀架应满足哪些基本技术要求？

3-9 根据下面所示传动系统图（图中 M_1 为齿轮式离合器）：

（1）写出传动路线表达式。

（2）分析主轴的转速级数。

（3）计算主轴的最高、最低转速。

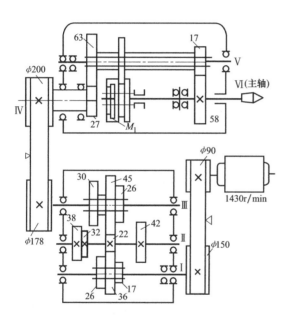

3-10 根据下图所示传动系统（图中 M_2、M_3 为摩擦离合器）：
(1) 写出传动路线表达式。
(2) 分析主轴的转速级数。
(3) 计算主轴的最高、最低转速。

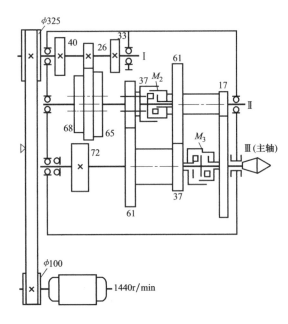

3-11 按下图所示传动系统，试计算：

（1）轴 A 的转速（r/min）。

（2）轴 A 转 1 转时，轴 B 转过的转数。

（3）轴 B 转 1 转时，螺母 C 移动的距离。

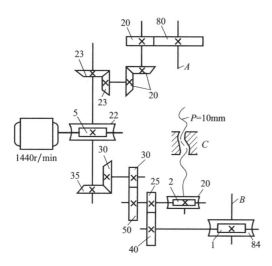

3-12 立式车床与卧式车床有什么区别？立式车床常用于加工什么类型的工件？

3-13 试分析无心外圆磨床和普通外圆磨床在布局、磨削方法、生产率及适用范围方面各有什么不同？

3-14 钻床有哪些主要类型？试述它们各自的工艺特点及应用范围。

3-15 铣床有哪些主要类型？试述它们各自的工艺特点及应用范围。

3-16 滚齿机和插齿机有何不同？简述它们各自的工艺特点及应用范围。

3-17 分别指出下列零件的齿面适合在什么齿轮机床上加工。

（1）外直齿圆柱齿轮

（2）外斜齿圆柱齿轮

（3）内直齿圆柱齿轮

（4）蜗轮

（5）齿条

（6）扇形齿轮

（7）人字齿轮

3-18 选用加工中心时需考虑的因素有哪些？

3-19 高速加工技术的优点及关键技术有哪些？

3-20 常用的高速加工进给系统有哪几种？它们各自有何优缺点？

第4章 机床夹具原理与设计

知 识 要 点

4.1 工件的定位

使工件在机床上占据正确的位置。

4.2 工件的夹紧

固定工件，使其在加工过程中保持定位位置不变。

4.3 六点定位原理

按一定规律分布六个支承点而限制工件对应的六个自由度。

4.4 完全定位

工件的六个自由度均被限制。

4.5 部分定位（不完全定位）

限制工件的自由度数小于六个，也能满足定位要求。

4.6 欠定位

应该限制的工件自由度没有被限制，即工件定位不足。这是不允许的。

4.7 过定位（重复定位）

有些定位点重复限制了同一个自由度。一般是不允许的，除非特殊情况。

4.8 工件在机床上的装夹方法

（1）直线找正装夹
（2）按划线找正装夹
（3）在夹具中安装

4.9 常用定位元件

（1）平面定位元件
①支承钉；②支承板；③可调支承；④自位支承；⑤辅助支承。
（2）内孔定位元件
①锥度心轴；②刚性长心轴；③圆柱销；④圆锥销。
（3）外圆定位元件
①V形块；②定位套筒；③半圆孔定位座；④外圆定心夹紧机构（如自定心卡盘和弹簧夹头）。

4.10 机床夹具的作用

（1）保证加工精度
（2）提高劳动生产率
（3）降低对工人的技术要求和减轻工人的劳动强度
（4）扩大机床的加工范围

4.11 机床夹具的组成

定位元件、夹紧装置、对刀元件、导引元件、连接元件和连接表面、夹具体、其他装置。

4.12 定位误差分析与计算

定位误差计算公式：
$$\Delta_{dw} = |\Delta_{jw} \pm \Delta_{jb}|$$

式中，定位误差 Δ_{dw} 为设计基准在工序尺寸方向上的最大位置变动量；基准位移误差 Δ_{jw} 为由于定位副制造不准确，使得定位基准相对于夹具的调刀基准发生位移而产生的定位误差；基准不重合误差 Δ_{jb} 为由于定位基准与设计基准不重合引起的误差。

4.13 基准位移误差 Δ_{jw} 分析

(1) 内孔定位时的基准位移误差

① 心轴定位（心轴竖直）：
$$\Delta_{jw} = T(D) + T(d) + \Delta_{min}$$

式中，$T(D)$ 为工件内孔直径公差；$T(d)$ 为定位心轴的直径公差；Δ_{min} 为间隙配合的最小间隙。

② 心轴定位（心轴水平，保持心轴与工件孔单边接触）：
$$\Delta_{jw} = \frac{1}{2}[T(D) + T(d)]$$

(2) 外圆定位时的基准位移误差

① 卡盘：基准位移误差为零。

② V 形块定位：
$$\Delta_{jw} = \frac{T(d)}{2\sin\frac{\alpha}{2}}$$

式中，$T(d)$ 为工件外圆直径公差；α 为 V 形块夹角。

习 题

4-1 机床夹具由哪几个部分组成?各部分起什么作用?

4-2 工件在机床上有哪些装夹方法?其原理是什么?

4-3 试分析下图所示齿轮的设计基准和装配基准,以及滚切齿形时的定位基准和测量基准。

4-4 什么是完全定位、不完全定位、过定位和欠定位?

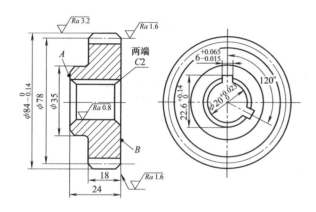

4-5 组合定位分析的要点是什么?

4-6 根据六点定位原理,分析下图所示的各定位方案中各定位元件所限制的自由度。

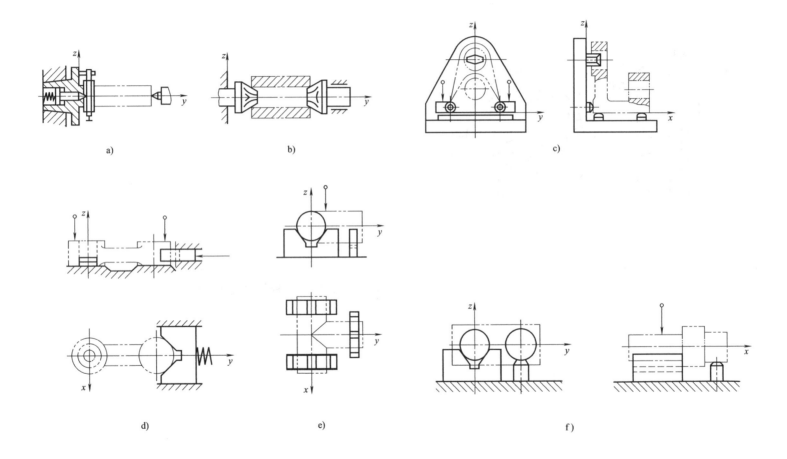

4-7 试确定下图所示各零件在加工图中注有 "√" 符号的表面时应限制的自由度。

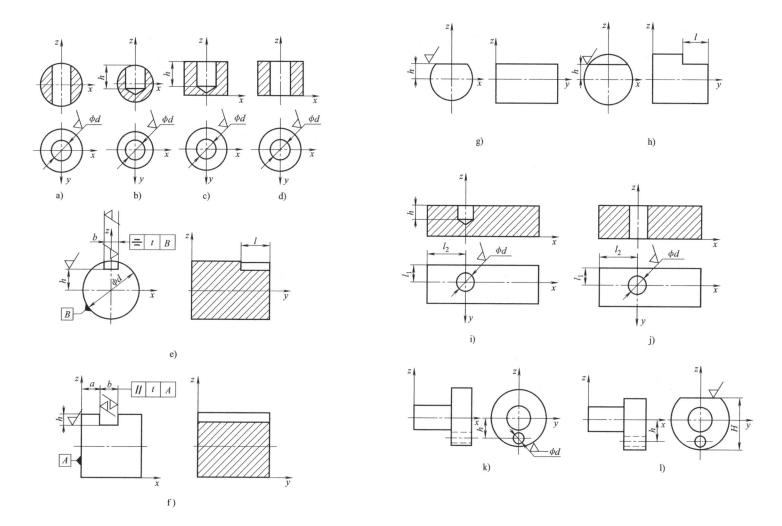

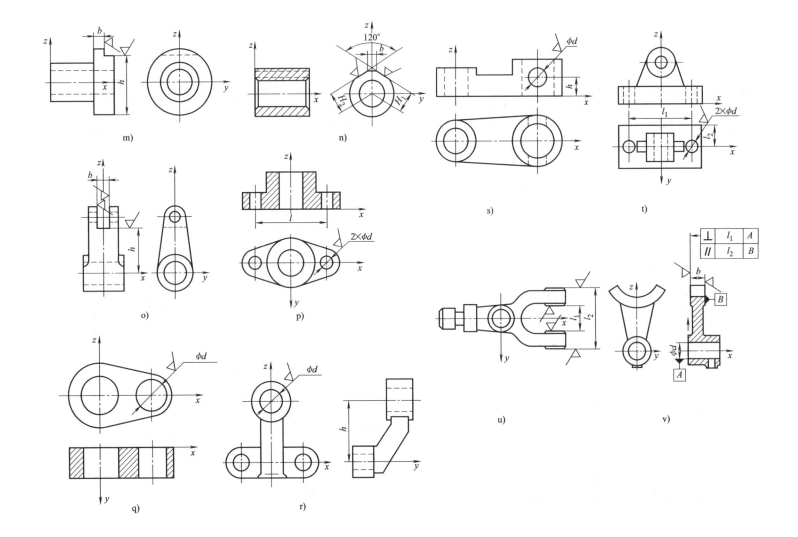

4-8 画图并分析锥度心轴、锥销和菱形销与圆孔、锥孔配合时限制的自由度。

4-9 什么是固定支承、可调支承、自位支承和辅助支承？

4-10 定位误差产生的原因有哪些？其实质是什么？

4-11 有一批如下图 a 所示的工件，除 A、B 处台阶面外，其余各表面均已加工好。今以下图 b 所示的夹具方案定位铣削 A、B 台阶面，保证 30 ± 0.01mm 和 60 ± 0.06mm 两个尺寸。试分析计算定位误差。

4-12 有一批如下图 a 所示的工件，除 $2\times\phi5$ 孔外其余各表面均已加工合格。今按下图 b 所示的方案用盖板式钻模一次装夹后依次加工孔 Ⅰ 和孔 Ⅱ。盖板式钻模用 $\phi25\text{f}9\left(^{-0.020}_{-0.072}\right)$ 心轴与工件孔 $\phi25\text{H}9\left(^{+0.052}_{0}\right)$ 相配定位。试分析计算两个 $\phi5$ 孔心距的定位误差。

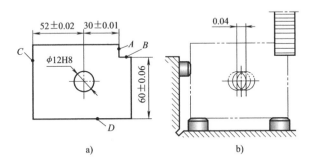

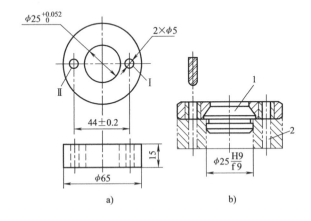

4-13 有一批套筒零件如下图所示，其他加工面已加工好，今以内孔 D_2 在圆柱心轴 d 上定位，用调整法最终铣削键槽。若定位心轴处于水平位置且与内孔保持上边接触，试分析计算尺寸 L 的定位误差。

已知：$D_1 = \phi 50_{-0.06}^{0}$ mm，$D_2 = \phi 30_{0}^{+0.021}$ mm，心轴直径 $d = \phi 30_{-0.020}^{+0.007}$ mm。

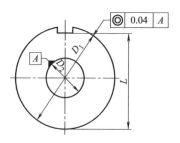

4-14 下图所示工件以圆孔在水平心轴上定位，用角度铣刀同时铣两斜平面，要求保证加工尺寸为 $a \pm \dfrac{\Delta a}{2}$，试计算工序尺寸的定位误差。

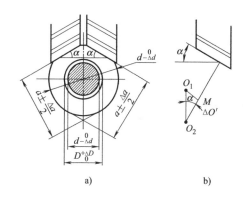

a)   b)

4-15 套筒以外圆柱面在 V 形块上定位，然后在插床上对套筒进行插键槽。已知套筒外圆直径 A 为 $\phi 50_{-0.03}^{0}$ mm，孔径 $d = \phi 30_{0}^{+0.05}$ mm，试计算工序尺寸 H 的定位误差。

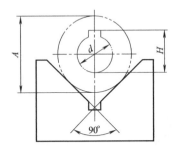

4-16 某轴零件铣平面安装方式如下图所示。已知轴的直径公差 $\Delta d = 0.2$ mm，尺寸 B 的公差 $\Delta B = 0.3$ mm，角度 $\alpha = 45°$，求铣平面工序尺寸 A 的定位误差。

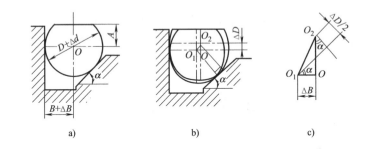

a)   b)   c)

4-17 下图所示为加工连杆大头孔的两种定位方案，要求保证大小头孔中心距，以及大头孔与端面的垂直度，试分析比较哪种定位方案更合理，为什么？

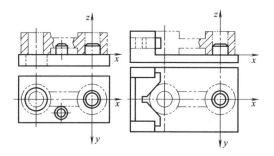

4-18 下图 a、b、c 所示为三种加工表面 BD 的定位方案，要求保证尺寸 A，工件上的孔 O_1、外圆及底面均已加工。底面平放在三个支承钉上（图中已表示出）。试计算三种定位方案的定位误差。哪种方案较好？是否有更合理的定位方案？

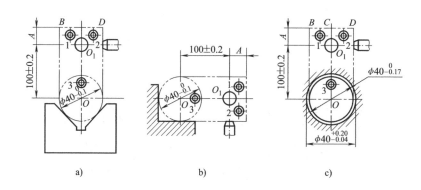

a)　　　　　　b)　　　　　　c)

4-19 下图 a 所示工件的 $\phi 40_{-0.03}^{0}$ 与 $\phi 35_{-0.02}^{0}$ 同轴度公差为 $\phi 0.02$mm。欲钻孔 O，并保证尺寸 $30_{-0.01}^{0}$mm。试分析计算图示各种定位方案的定位误差（加工时工件轴线处于水平位置，V 形块的夹角 $\alpha = 90°$）。

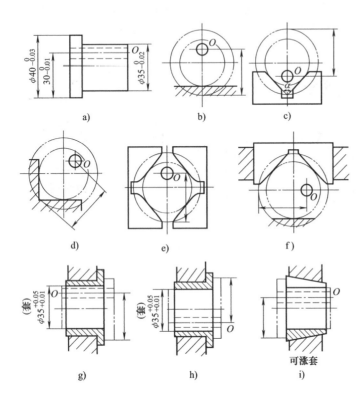

4-20 下图所示零件，其端面和 $\phi 20_0^{+0.021}$mm、$\phi 10_0^{+0.09}$mm 的两孔都已加工，现采用一面两孔定位方案设计钻模加工 $\phi 8_0^{+0.036}$mm 孔，要求此孔的轴心线通过 $\phi 20_0^{+0.021}$mm 孔的中心，其偏移量不得大于 0.06mm，并且 $\phi 8_0^{+0.036}$mm 轴线要与两孔连心线成 75°±50′的交角。试确定：

（1）夹具上两定位销中心距尺寸与偏差。

（2）圆柱定位销直径的尺寸与偏差。

（3）削边定位销直径的尺寸与偏差。

（4）若钻模的钻套轴心线与两定位销连心线的夹角制造装配误差为 75°±10′，问此定位方案能否保证 75°±50′的加工精度（规定夹具部分的误差只能占加工允差的 1/3，忽略钻套的制造误差）？

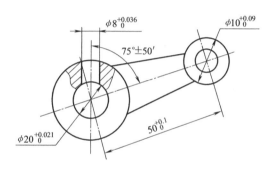

4-21 在下图 a 所示零件上铣键槽,要求保证尺寸 $54_{-0.20}^{0}$ mm 及对称度。现有 3 种定位方案,分别如图 b、图 c 和图 d 所示。已知内、外圆柱同轴度误差为 0.02mm,其余参数如图所示。试计算 3 种方案的定位误差,并从中选出最优方案。

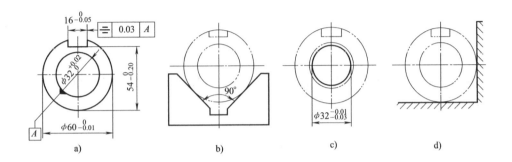

4-22 如下图所示，在直径为 $\phi d_{-\Delta d}^{0}$ 的轴上铣键槽的定位方案，保证设计尺寸 n。试分别计算下图 a、b、c 3 种定位方案的定位误差。

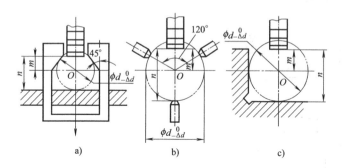

a)   b)   c)

4-23 简述夹具夹紧力的确定原则。

4-24 气动夹紧和液压夹紧各有哪些优缺点？

4-25 试分析下图所示各夹紧方案是否合理？若有不合理之处，应如何改进？

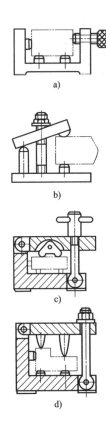

a)

b)

c)

d)

4-26 分析下图所示各夹紧方案，判断其合理性，说明理由并提出改进意见。

4-27 下图所示夹紧装置，已知 $D = \phi 50$mm，$e = 2.5$mm，$L = 100$mm，$l = 75$mm，各处摩擦系数 $\mu = 0.15$，外力 $P = 80$N。试求：

（1）外力 P 与夹紧力 Q 之间的关系式。

（2）在上述条件下 Q 的大小。

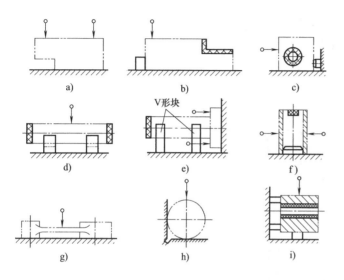

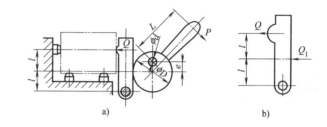

4-28 试分析下图所示的各夹紧方案是否合理？若不合理，应如何改进？

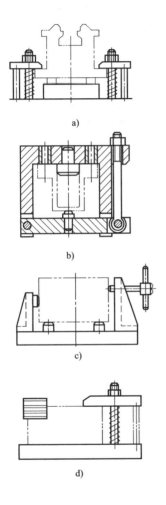

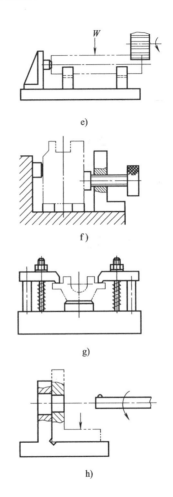

4-29 下图所示夹紧装置，已知 $P_1 = 4 \times 10^5 \text{N/m}^2$，$D = 100\text{mm}$，$d = 10\text{mm}$，$L = 120\text{mm}$，$\alpha = 25°$，$l = l_1 = 100\text{mm}$，摩擦系数 $\mu = 0.1$，气缸效率 $\eta = 0.9$，试计算对工件的夹紧力 Q 的大小。

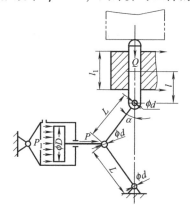

4-30 下图所示气动夹紧机构，夹紧工件所需夹紧力 $F_1 = 2000\text{N}$，已知气压 $p = 4 \times 10^5 \text{Pa}$，$\alpha = 15°$，$L_1 = 200\text{mm}$，$L_2 = 300\text{mm}$，$L_3 = 20\text{mm}$，各相关表面的摩擦系数 $\mu = 0.18$，铰链轴 ϕd 处摩擦损耗按 5% 计算，问需选用多大缸径的气缸才能将工件夹紧？

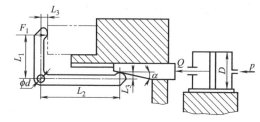

4-31 试计算下图所示 3 种夹紧机构在相同的原动力 $Q=150\text{N}$ 的作用下所产生的夹紧力大小。

(1) 螺旋夹紧机构如下图 a 所示，已知螺母与螺杆间摩擦系数 $\mu=0.1$，$L=200\text{mm}$，螺杆为 M16。

(2) 圆偏心夹紧机构如下图 b 所示，已知偏心轮与工件间的摩擦系数 $\mu_1=0.1$，偏心轮与转轴间的摩擦系数 $\mu_2=0.1$，$L=200\text{mm}$，$D=50\text{mm}$，$e=2.5\text{mm}$。

(3) 单斜楔滚子夹紧机构如下图 c 所示，已知滚子 1、滚子 2 与转轴间的摩擦系数 $\mu_1=\mu_2=0.1$，滚子外径 $D=30\text{mm}$，转轴直径 $d=15\text{mm}$，$\alpha=15°$。

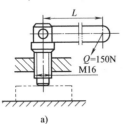

a)

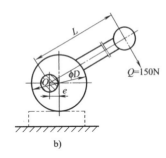

b)

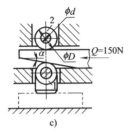

c)

4-32 分别简述车、铣、钻床夹具的设计特点。

4-33 钻套的种类有哪些？分别适用于什么场合？

4-34 随行夹具是什么？适用于什么场合？设计随行夹具主要考虑哪些问题？

4-35 组合夹具、成组夹具和通用可调夹具是什么？三种夹具之间有什么关系？

4-36 下图所示圆柱形工件，现欲在其上铣削平面 A 和 B，试计算该定位方案的定位误差是否满足要求？

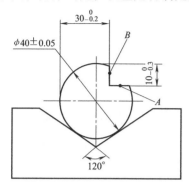

4-37 在一外圆尺寸为 $\phi 40_{-0.08}^{0}$ mm 的工件上，欲采用调整法钻一小孔 O，要求 $L=35_{-0.05}^{0}$ mm，有如下图所示的 3 种定位方案。已知：$\alpha=90°$，定位套筒水平放置，其孔公差为 0.02mm，且与工件外圆的最小配合间隙为 0.01mm，试计算 3 种方案的定位误差。请问哪种定位方案更合理？

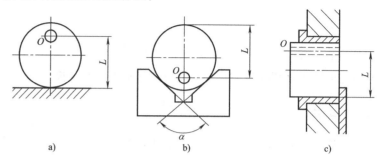

第5章 工艺规程设计

知 识 要 点

5.1 工序

一个（或一组）工人在一个工作地点，对一个（或同时加工的几个）工件所连续完成的那部分机械加工工艺过程。

5.2 工步

在加工表面、加工工具、进给量和切削速度都保持不变的情况下，连续完成的那一部分工序内容。

5.3 工作行程

刀具以加工进给速度相对工件所完成一次进给运动的工步部分。

5.4 工艺规程

一个工件从毛坯加工成成品的机械加工工艺过程，会因产量及生产条件的不同而不相同，可以用一定的文件形式规定下来的工艺过程。

5.5 设计基准

设计图上作为确定某一几何要素位置的设计尺寸，其起点的那些点、线、面。

5.6 工序基准

在工序图中用来确定本工序所加工表面加工后的尺寸、形状、位置的基准。

5.7 定位基准

加工时使工件在机床或者夹具中占据一个正确位置所用的基准。

5.8 粗基准

作为定位基准的表面，若是未经加工的毛坯表面则称为粗基准。

5.9 精基准

作为定位基准的表面，若是经过加工的表面则称为精基准。

5.10 工艺尺寸链

机器在装配过程或零件加工过程中，由相互连接的尺寸形成的封闭尺寸组，分为装配工艺尺寸链和加工工艺尺寸链。

5.11 工艺尺寸链封闭环

机器在装配过程中最后形成的或零件在加工过程中间接获得

的一环尺寸。

5.12 零件生产纲领

$$N = Qn(1+a)(1+b)$$

式中，N 为零件的年生产纲领；Q 为产品的年产量（台/年）；n 为每台产品中该零件的数量（件/台）；a 为备品率（%）；b 为废品率（%）。

5.13 基准选择原则

（1）粗基准选择原则

① 当必须保证不加工表面与加工表面相互位置关系时，应选择不加工表面为粗基准。

② 对于有较多加工表面而不加工表面与加工表面间位置要求不严格的零件，粗基准选择应能保证合理地分配各加工表面的余量。

③ 选作粗基准的毛坯表面应尽量光滑平整，不应有浇口、冒口的残迹及飞边等缺陷，以避免增大定位误差，并使零件夹紧可靠。

④ 粗基准应尽量避免重复使用，原则上只在第一道工序上使用。

（2）精基准选择原则

① 尽可能选择工序基准为精基准，以减少因基准不重合而引起的定位误差。

② 如果工件以某一组精基准定位可以比较方便地加工出其他各表面，则应尽可能在多数工序中都采用这组精基准进行定位，这称为"基准统一"原则。

③ 当精加工或光整加工工序要求余量尽量小且均匀时，或在某些特殊情况下，应选择加工表面本身作为精基准，这称为"自为基准"原则。

④ 当需要获得均匀的加工余量或较高的相互位置精度时，有时还需要遵循"互为基准，反复加工"原则。

⑤ 精基准的选择应使工件定位准确、夹具结构简单且夹紧可靠。

5.14 尺寸链的组成

（1）环

指列入尺寸链中的每一尺寸。

（2）封闭环

指在装配过程中最后形成的或在加工过程中间接获得的一环。

（3）组成环

指除封闭环外的全部其他环。

（4）增环

指该环尺寸增大封闭环随之增大，该环尺寸减小封闭环随之减小的组成环。

（5）减环

指该环尺寸增大封闭环随之减小，该环尺寸减小封闭环随之增大的组成环。

5.15 尺寸链极值法计算

（1）封闭环基本尺寸

等于所有增环基本尺寸之和减去所有减环基本尺寸之和，即

$$L_0 = \sum_{i=1}^{m} \vec{L}_i - \sum_{j=m+1}^{n-1} \vec{L}_j$$

(2) 封闭环极限偏差

封闭环的上偏差等于所有增环上偏差之和减去所有减环下偏差之和，封闭环的下偏差等于所有增环下偏差之和减去所有减环上偏差之和，即

$$ES_0 = \sum_{i=1}^{m} \vec{ES}_i - \sum_{j=m+1}^{n-1} \vec{EI}_j$$

$$EI_0 = \sum_{i=1}^{m} \vec{EI}_i - \sum_{j=m+1}^{n-1} \vec{ES}_j$$

(3) 解题步骤

① 确定封闭环。
② 查找全部组成环，并画出尺寸链图。
③ 判定组成环中的增、减环，并用箭头标出。
④ 利用基本计算公式求解。

5.16 机器的装配精度

一般包括零部件间的位置精度、运动精度和配合质量。

(1) 位置精度

包括相关零部件间的距离精度和相互位置精度。

(2) 运动精度

指相对运动的零部件在相对运动方向和相对运动速度方面的精度。

(3) 配合质量（或接触质量）

5.17 装配工艺尺寸链的特点

其尺寸链中每一组成环尺寸分别只能对应不同的一个相关零件。

5.18 互换法装配

零件按图纸公差加工，装配时不需经过任何选配、修配和调整，就能达到规定的装配精度和技术要求。包括完全互换法装配和不完全互换法装配。

5.19 选配法装配

将尺寸链中组成环的公差放大到经济可行的程度，然后选择合适的零件进行装配，以保证规定的装配精度要求。

5.20 修配法装配

在装配时根据实际测量结果，改变尺寸链中某一预定组成环的尺寸或者就地配制这个组成环，使封闭环达到规定的装配精度。

5.21 调整法装配

对于精度要求较高的尺寸链，不能按互换法装配时，除了用修配法来对超差的零部件进行修配外，还可以用调整法对超差零部件进行补偿来保证装配精度要求。

5.22 装配工艺链建立的原则

(1) 装配尺寸链简化原则
(2) 装配尺寸链最短路线（环数最少）原则
(3) 装配尺寸链的方向性原则

5.23 装配尺寸链的计算

(1) 极值法（完全互换法）及公式

$$T_0 = \sum_{i=1}^{m} T_i$$

式中，T_0 为封闭环公差；T_i 为第 i 个组成环的公差；m 为组成环环数。

（2）概率法（不完全互换法）及公式

$$T_0 = \sqrt{\sum_{i=1}^{m} T_i^2}$$

$$\Delta_0 = \sum_{i=1}^{m} \Delta_i \text{（代数和）}$$

$$A_0 = \sum_{i=1}^{m} A_i \text{（代数和）}$$

式中，T_0 为封闭环公差；T_i 为第 i 个组成环的公差；Δ_0 为封闭环的中间偏差；Δ_i 为组成环的中间偏差；A_0 为封闭环的平均尺寸；A_i 为组成环的平均尺寸；m 为组成环环数。

习 题

5-1 什么是生产过程、工艺过程和工艺规程？

5-2 什么是工序、工步、工位和走刀？

5-3 零件获得尺寸精度、形状精度、位置精度的加工方法有哪些？

5-4 不同生产类型的工艺过程各有何特点?

5-6 试简述工艺规程的设计原则、设计内容及设计步骤。

5-5 拟定工艺路线必须完成哪些工作?

5-7 试简述粗、精基准的选择原则。为什么在同一尺寸方向上粗基准通常只允许用一次?

5-8 试简述工序集中原则和工序分散原则。它们各适用于什么场合?

5-9 加工如下图所示零件，试选择其粗基准、精基准（标有 ✓ 符号的为加工面，其余为非加工面）。下图 a、b、c 所示零件要求内外圆同轴，端面与孔的中心线垂直，非加工面与加工面之间尽可能保持壁厚均匀；下图 d 所示零件毛坯孔已被铸出，要求孔加工余量尽可能均匀。

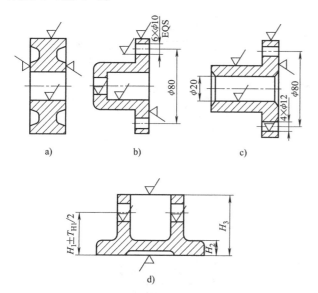

5-10 下图 a 所示为被加工零件图，其加工工艺为：

工序1：铣削上下平面 B、C。

工序2：钻、扩、铰 $\phi 30H7$ 孔。

工序3：钻、铰 $\phi 10H8$ 孔（图 b），以平面、$\phi 30H7$ 孔及毛坯外圆定位。

工序4：钻、攻螺纹孔 M8（图 c），以平面、$\phi 30H7$ 孔及毛坯外圆定位。

试分析定位基准的选择是否有原则性错误？应如何改进？

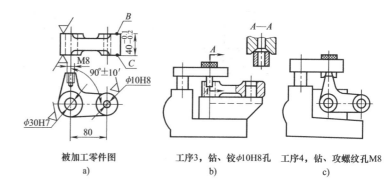

被加工零件图　　工序3，钻、铰$\phi 10H8$孔　　工序4，钻、攻螺纹孔M8
　　a)　　　　　　　　　b)　　　　　　　　c)

5-11 试分析确定如下图所示各零件加工主要表面时的定位基准（粗、精基准）。

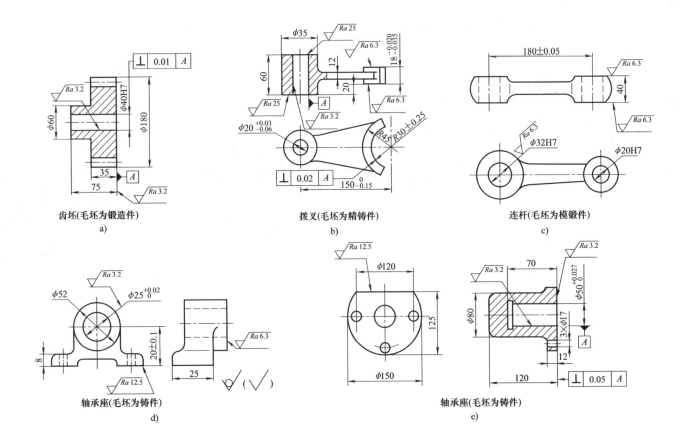

5-12 小批量生产下图所示床身,其主要加工工序内容如下:

(1) 加工导轨面 A、B、C、D、E、F,粗铣-半精刨-粗磨-精磨。

(2) 加工底面 J,粗铣-半精刨-精刨。

(3) 加工压板配合面及齿条安装面 G、H、I,粗刨-半精刨。

(4) 加工主轴箱安装面 K、L,粗铣-精铣-精磨。

(5) 其他,划线-人工时效-导轨面高频淬火。

试将上述加工内容排成合理的工艺路线,并指出各工序的定位基准。

5-13 试拟定下图所示连杆零件的机械加工工艺路线,并指出各工序的定位基准,生产类型为成批生产。

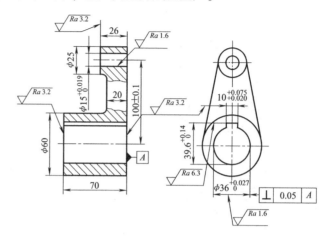

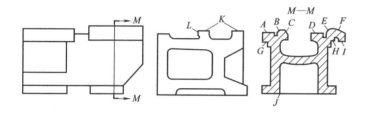

5-14 试拟定成批生产下图所示孔盘零件的机械加工工艺过程（包括工序与工步），并指出各工序的定位基准。

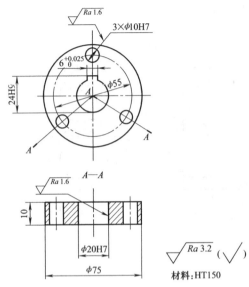

5-15 分析影响工序余量的因素，试说明为什么在计算工序加工余量时必须考虑工序装夹误差。

5-16 在成批生产条件下，加工如下图所示零件，其机械加工工艺规程如下：

（1）在车床上加工小端端面、小端外圆（粗车、半精车）、台阶面、退刀槽、小端孔（内粗车、内精车）、内外倒角。
（2）调头，在同一台车床上加工大端端面、大端外圆及倒角。
（3）在立式钻床上利用分度夹具加工 4 个螺纹孔。
（4）在外圆磨床上粗、精磨 ϕ120h6 外圆。

试列出其工艺过程的组成，并确定各工序的定位基准，画出各工序的工序简图，用"✓"符号表明加工面，用"▼"符号表明定位基准面，用数字注明所限制的自由度数，其他用文字说明，工艺过程分析到工步。

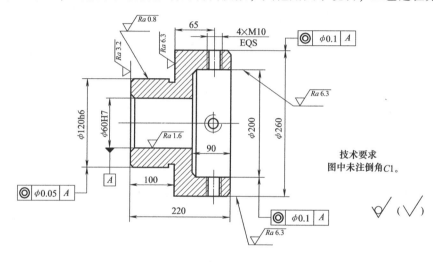

5-17 如下图所示尺寸链中（图中 A_0、B_0、C_0、D_0 是封闭环），哪些组成环是增环？哪些组成环是减环？

5-18 试分析比较用极值法解算尺寸链与用概率统计法解算尺寸链的本质区别。

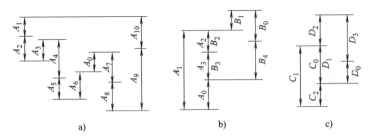

5-19 下图 a 所示为一轴套零件图，下图 b 所示为车削工序简图，下图 c 所示为钻孔工序三种不同定位方案的工序简图，均需保证下图 a 所规定的位置尺寸 10±0.1mm 的要求，试分别计算三种方案中工序尺寸 A_1、A_2、A_3 的尺寸及公差。为表达清晰起见，下图 a、b 只标出了与计算工序尺寸 A_1、A_2、A_3 有关的轴向尺寸。

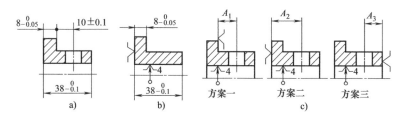

5-20 下图所示为齿轮轴截面图，要求保证轴径 $\phi 28^{+0.024}_{+0.008}$ mm 和键槽深 $t = 4^{+0.16}_{0}$ mm。其工艺过程为：①车外圆至 $\phi 28.5^{0}_{-0.1}$ mm；②铣键槽深至尺寸 H；③热处理；④磨外圆至 $\phi 28^{+0.024}_{+0.008}$ mm。试求工序尺寸 H 及其极限偏差。

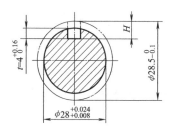

5-21 一个带有键槽的内孔,其设计尺寸如下图所示。该内孔有淬火处理的要求,因此有如下工艺安排:

(1) 镗内孔至 $\phi 49.8^{+0.046}_{0}$ mm。
(2) 插键槽。
(3) 淬火处理。
(4) 磨内孔,同时保证内孔直径 $\phi 50^{+0.030}_{0}$ mm 和键槽深度 $53.8^{+0.30}_{0}$ mm。

试分别确定磨内孔与镗内孔之间没有同轴度误差和有同轴度公差 0.05mm 两种情况的工序尺寸 A_2 及其偏差(假定热处理后内孔没有胀缩)。

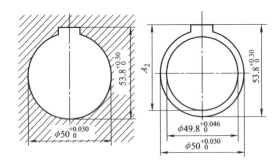

5-22 大量生产某小轴,毛坯为热轧棒料,经粗车-半精车-淬火-磨削后,其外圆尺寸达到图样要求 $\phi 30^{0}_{-0.013}$。已知各工序的加工余量和加工精度,试确定各工序尺寸、偏差、毛坯尺寸,并填入下表(余量是双边余量)。

工序名称	工序余量/mm	加工精度/mm	工序尺寸及偏差/mm
精磨	0.1	0.013(IT6)	$\phi 30^{0}_{-0.013}$
粗磨	0.4	0.033(IT8)	
半精车	1.1	0.084(IT10)	
粗车	4	0.21(IT12)	
毛坯尺寸	—	-0.4 +0.75	

5-23 加工如下图 a 所示零件的轴向尺寸 $50_{-0.1}^{0}$ mm、$25_{-0.3}^{0}$ mm 及 $5_{0}^{+0.4}$ mm，其有关工序如下图 b、c 所示，试求工序尺寸 A_1、A_2、A_3 及其极限偏差。

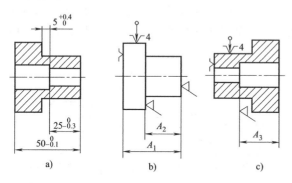

5-24 某齿轮内孔加工要求为 $\phi 58_{0}^{+0.03}$，其加工工艺路线为扩孔-拉孔-磨孔，试确定各工序尺寸及其极限偏差，并填入下表。

工序名称	工序余量/mm	工序公差/mm	工序尺寸及公差/mm
磨孔	0.25	0.03	$\phi 58_{0}^{+0.03}$
拉孔	1.05	0.025	
扩孔	6.7	0.12	
毛坯孔	—	3	

5-25 下图所示为插座零件，其外圆、孔和端面都已加工，现欲在铣床上以面1为定位基准铣槽，试计算铣槽的工序尺寸 A 及其极限偏差。

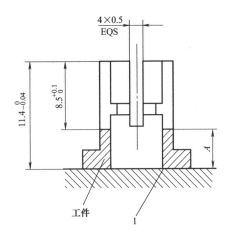

5-26 下图所示为液压泵壳体，其 D 面的设计基准为 A 点，设计尺寸为 30.7 ± 0.15 mm，加工时的定位基准为 M 面上的 B 点，试计算此时的工序尺寸 L 及其极限偏差。

（提示：解此题将尺寸 $34.8_{-0.03}^{+0.07}$ mm 向 30.7 ± 0.15 mm、L 尺寸方向上投影，则将原来的平面尺寸链转化为线性尺寸链。）

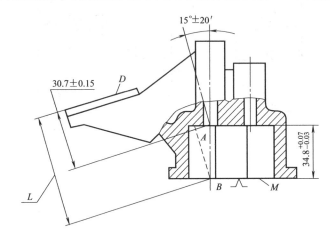

5-27 下图所示零件的部分加工工艺过程为：以端面 B 及外圆定位粗车端面 A，留精车余量 $4_{-0.05}^{+0.05}$mm，镗内孔至 C 面。然后以尺寸 $60_{-0.05}^{0}$mm 定距装刀精车端面 A。孔的深度要求为 22 ± 0.1mm。试求粗车端面 A 及镗内孔深度的工序尺寸 L_1、L_2 及其极限偏差。

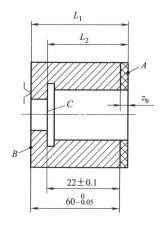

5-28 下图所示的阶梯轴 A 面是轴向的主要设计基准，与 A、B、C 三个端面加工有关的工序和工序尺寸是：

（1）在车削工序中，以精车过的 A 面为基准精车 B 面，保证工序尺寸 L_1；以精车过的 B 面为基准精车 C 面，保证工序尺寸 L_2。

（2）在热处理后的磨削工序中对 A 面进行磨削，磨削余量 $0.98\sim1.02$mm，直接控制设计尺寸 $L_3=40_{0}^{+0.1}$mm。求车削工序尺寸 L_1、L_2 及其极限偏差。

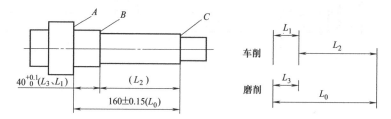

5-29 下图所示为一轴套零件简图及部分工序图,试求工序尺寸 A、B 及其极限偏差。

工序 5:精车小端外圆、端面及肩面。

工序 6:钻小孔。

工序 7:热处理。

工序 8:磨大孔及底面。

工序 9:磨小端外圆及肩面。

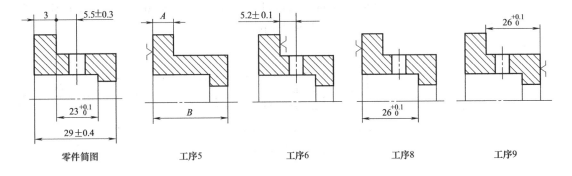

零件简图　　工序5　　工序6　　工序8　　工序9

5-30 下图 a 为被加工零件的简图（图中只标注有关尺寸），下图 b 为工序图，在大批生产条件下其部分工艺过程如下：

工序 1：铣顶面。

工序 2：钻孔-锪肩面。

工序 3：磨底面（磨削余量为 0.49~0.51mm）。

试用极值法与概率统计法计算工序尺寸 A、B、C 及其极限偏差。

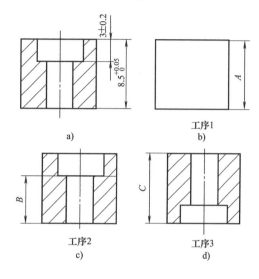

a)   b)

工序1

c)   d)

工序2   工序3

5-31 分别说明生产成本、工艺成本、可变费用和不变费用的定义。在市场经济条件下,阐明正确运用经济分析方法合理选择工艺方案的原则。

5-32 批量生产条件下,单件时间定额由几部分组成?它们各有什么含义?

5-33 计算下列各工序的基本时间：

（1）车削一直径 ϕ40mm、长 180mm 的外圆表面。采用主偏角为 45°的硬质合金外圆车刀，切削速度 v_c = 1.5m/s，切削深度 a_p = 2.5mm，进给量 f = 0.4mm/r。

（2）用硬质合金端铣刀铣削 350mm×180mm 的平面。铣刀直径为 ϕ200mm，齿数为 8，主偏角为 90°，采用的切削速度 v_c = 0.9m/s，切削深度 a_p = 3mm，每齿进给量 f_z = 0.4mm/齿。

（3）用高速钢钻头在一平面上钻一 ϕ10mm×50mm 的通孔。切削速度 v_c = 0.25m/s，进给量 f = 0.17mm/r。

（4）在内圆磨床上磨削一 ϕ60mm×100mm 的通孔。单边磨削余量为 0.05mm，工件回转速度 $v_{c工}$ = 0.47m/s，工件每转纵向进给量 f = 20mm/r，双行程磨削深度 a_p = 0.01mm。

5-34 什么是完全互换装配法？什么是不完全互换装配法？试分析其异同，阐述其各适用于什么场合。

5-35 下图所示为车床溜板箱小齿轮与齿条的装配结构，装配要求齿轮齿顶与齿条齿根的径向间隙为 0.17~0.28mm。现采用修配法，选取 A_2 为修配环，即修磨齿条的安装面。已知 $A_1 = 53_{-0.12}^{0}$mm，$A_2 = 25_{0}^{+0.13}$mm，$A_3 = 15.74_{-0.055}^{0}$mm，$A_4 = 71.74 \pm 0.095$mm，$A_5 = 22 \pm 0.65$mm，试确定修配环尺寸并验算修配量。

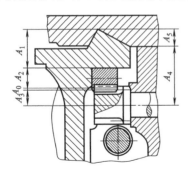

5-36 下图所示为一个齿轮装配结构图，由于齿轮要在轴上回转，要求齿轮左右端面与轴套和挡圈之间应留有一定间隙，要求装配后齿轮右端的间隙在 0.10~0.35mm 之间。已知 $A_1 = 35$mm，$A_2 = 14$mm，$A_3 = 49$mm。A_2 为协调环，A_1 和 A_3 的公差均为 0.1mm。以最大实体原则确定 A_1、A_2、A_3 的极限偏差。

（1）试以完全互换装配法解算各组成环尺寸及其极限偏差。

（2）设 A_1、A_2、A_3 的尺寸分布均为正态分布，且尺寸分布中心与公差中心相配合，试以不完全互换装配法解算组成环尺寸及其极限偏差。

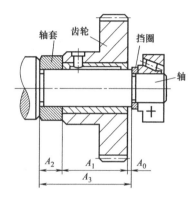

5-37 下图所示为双联转子泵装配图,装配要求冷态下轴向装配间隙 A_0 为 $0.05 \sim 0.15$mm。已知 $A_1 = 62_{-0.62}^{0}$mm,$A_2 = 20.5 \pm 0.2$mm,$A_3 = 17_{-0.2}^{0}$mm,$A_4 = 7_{-0.05}^{0}$mm,$A_5 = 17_{-0.2}^{0}$mm,$A_6 = 41_{+0.05}^{+0.10}$mm。

(1) 通过计算分析确定能否用完全互换法装配来满足装配要求。

(2) 若采用修配法装配,选取 A_4 为修配环,$T_4 = 0.05$mm,试确定修配环的尺寸及上、下偏差,并计算可能出现的最大修配量。

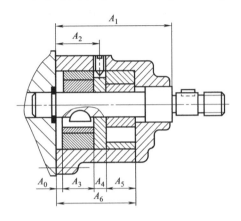

5-38 下图所示装配图要求轴承端面的轴向间隙量 $A_0 = 0.15 \sim 0.2$ mm，结构设计采用固定调整法，即调整纸垫 A_k 来保证此间隙要求，已知各组成零件的尺寸及经济精度公差如下：$A_1 = 34$ mm，$T(A_1) = 0.1$ mm，$A_2 = A_4 = 4$ mm，$T(A_2) = T(A_1) = 0.05$ mm，$A_3 = 100$ mm，$T(A_3) = 0.15$ mm，$A_5 = 142$ mm，$T(A_5) = 0.15$ mm。若只采用一种纸垫厚度，试确定各尺寸的极限偏差，纸垫厚度及极限情况下纸垫张数（设纸垫做得十分精确，即令 $T(A_k) = 0$）。按最大实体原则表示各组成环尺寸。

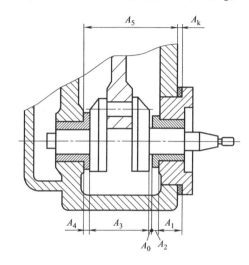

5-39 下图所示为 CA6140 车床主轴法兰盘装配图,主轴前端法兰盘与主轴箱端面间保持 0.38~0.95mm 的间隙,已知:$A_1 = 94$mm,$A_2 = 24$mm,$A_3 = 25_{-0.12}^{0}$mm,$A_4 = 41_{-0.12}^{0}$mm,$A_5 = 4$mm,试确定影响装配精度的有关零件尺寸,建立装配尺寸链,并用完全互换装配法和不完全互换装配法求出有关尺寸的极限偏差。按最大实体原则表示各组成环尺寸。

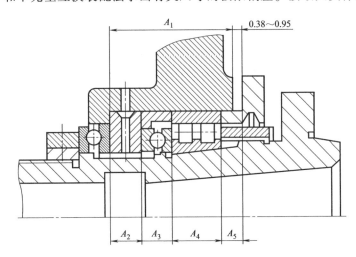

5-40 机器装配精度应包括哪些内容？装配精度与构成机器的零件精度的关系如何？

第6章 机械制造质量分析与控制

知 识 要 点

6.1 机械加工精度

零件经机械加工后的实际几何参数（尺寸、形状、表面相互位置）与零件的理想几何参数相符合的程度，定性地说明了零件实际几何参数情况。

6.2 加工误差

加工后零件的实际几何参数与理想零件的几何参数的偏离，定量地说明了零件实际几何参数情况。

6.3 误差敏感方向

工艺系统误差引起刀尖和工件在加工表面的法线方向产生相对位移，该误差对加工精度有直接的影响，是影响加工精度最大的那个方向。

6.4 原理误差

在加工中因为采用了近似的加工运动或近似的刀具切刃形状轮廓而产生的误差。

6.5 工艺系统静误差

在零件未加工前工艺系统本身所具有的某些误差因素。

6.6 工艺系统动误差

在加工过程中受力、热、磨损等的影响，工艺系统原有精度受到破坏而产生的附加误差因素。

6.7 误差复映规律

经加工后零件存在的加工误差受加工前的毛坯误差影响而产生相对应的值，其几何形状误差与上道工序相似。

经加工后的零件存在的加工误差和加工前的毛坯误差相对应，几何形状与上道工序相似的现象。公式为

$$\frac{\Delta_g}{\Delta_m} = \varepsilon$$

$$\varepsilon = \frac{C}{k_{xt}}$$

$$\varepsilon_{总} = \varepsilon_1 \varepsilon_2 \varepsilon_3 \cdots$$

复映系数总是小于1。

6.8 误差复映产生的原因

切削过程中，由于毛坯加工余量和材料硬度的变化，引起切削力的变化，工艺系统受力变形及刀具相对工件位置也相应地发生变化，因而产生工件的尺寸误差和形状误差。

6.9 工艺系统误差

相同工艺条件下,当连续加工一批零件时,加工误差的大小和方向保持不变或按一定的规律而变化。也称为工艺系统原始误差,包括原理误差、工件装夹误差、工艺系统静误差、调整误差、工艺系统动误差和测量误差。

6.10 尺寸精度获得方法

(1) 试切法
(2) 定尺寸刀具法
(3) 调整法
(4) 自动控制法

6.11 位置精度获得方法

(1) 一次装夹法
(2) 多次装夹法
(3) 非成形运动法

6.12 形状精度获得方法

(1) 成形运动法
包括轨迹法、仿形法、成形刀具法、展成法。
(2) 非成形运动法

6.13 机械加工精度

包括尺寸精度、几何形状精度、相互位置精度。

6.14 机床直线运动精度

导轨误差主要包括导轨在水平面内直线度误差、导轨在垂直面内直线度误差、两导轨间的平行度误差。

6.15 工艺系统刚度

工艺系统刚度是以切削力和在该力方向上(误差敏感方向)所引起的刀具与工件间相对变形位移的比值表示的,即

$$k_{系统} = \frac{F_y}{y_{系统}}$$

$$\frac{1}{k_{系统}} = \frac{1}{k_{机床}} + \frac{1}{k_{刀具}} + \frac{1}{k_{工件}} + \frac{1}{k_{夹具}}$$

式中,$k_{系统}$为工艺系统刚度;$k_{机床}$为机床刚度;$k_{刀具}$为刀具刚度;$k_{工件}$为工件刚度;$k_{夹具}$为夹具刚度。

6.16 分布曲线统计分析方法

通过测量一批零件加工后的实际尺寸,作出尺寸分布曲线图,然后按此曲线的位置和形状判断该加工方法产生的误差情况。

尺寸分布曲线图中,应明确尺寸分散范围、分散范围中心、公差范围中心,通过查表计算分布曲线下方对应的积分面积可分析零件加工后的合格率或废品率,也可分析出废品零件中哪些是可修复的。

6.17 工艺能力系数

$$C_p = T/6\sigma$$

式中,T为工件公差;6σ为分散范围,指实际加工误差范围。

分为五个等级：

$C_p > 1.67$ 为特级，说明工艺能力过高，不一定经济。

$1.67 \geqslant C_p > 1.33$ 为一级，说明工艺能力足够，可以允许一定的波动。

$1.33 \geqslant C_p > 1$ 为二级，说明工艺能力勉强，必须密切注意。

$1 \geqslant C_p > 0.67$ 为三级，说明工艺能力不足，可能出现少量不合格品。

$C_p \leqslant 0.67$ 为四级，说明工艺能力不足，必须加以改进。

6.18 表面粗糙度

用来表达微观几何形状特性的特征参量，表面粗糙度越小，零件表面越光滑。

6.19 冷作硬化

机械加工过程中产生的塑性变形，使晶格扭曲、错位、畸变，晶粒间产生滑移，晶粒被拉长等，这些都会使表面金属硬度增加。这种不经过热处理，而由于冷加工产生塑性变形造成的表面硬化现象称为冷作硬化。

6.20 残余应力

机械加工中，零件金属表面层发生形状变化或组织改变时，在表层与基体交界处的晶粒间或原始晶胞内就产生相互平衡的弹性应力。

6.21 机械加工表面质量对使用性能的影响

（1）对零件耐磨性的影响

（2）对疲劳强度的影响

（3）对零件耐腐蚀性能的影响

（4）对零件配合性质的影响

（5）对零件接触刚度的影响

6.22 表面粗糙度的影响因素

（1）积屑瘤的影响

（2）鳞刺的影响

（3）切削机理的变化

（4）切削颤振

（5）切削刃的损坏

6.23 冷作硬化控制措施

（1）选择较大的前角、后角及较小的刀口钝圆半径

（2）合理确定刀具磨钝标准

（3）提高刀具刃磨质量

（4）合理选择切削用量，尽量选择较高的切削速度 v_c 和较小的进给量 f 或进给速度 v_f

（5）使用性能良好的切削液，改善工件的切削加工性

6.24 砂轮的特性

（1）磨料

磨料是砂轮的主要成分，直接负责切削工作。磨料应具有高硬度、高耐热性和一定的韧性。

（2）粒度

粒度是指磨料颗粒尺寸的大小，分为磨粒和微粉。磨粒以每平方英寸的网眼数来表示，粒度号越大，磨粒越细；微粉则以颗粒的实际尺寸进行分级，数字越小，微粉越细。

(3) 硬度

砂轮的硬度是指砂轮工作时，磨料自砂轮上脱落的难易程度。砂轮硬表示磨粒难脱落；砂轮软则表示磨粒易脱落。一般情况下，加工硬度大的金属应选用软砂轮；加工软金属应选用硬砂轮。粗磨时，选用软砂轮；精磨时，选用硬砂轮。

(4) 结合剂

结合剂是把磨粒黏结在一起组成磨具的材料。常用的结合剂有陶瓷结合剂、树脂结合剂、橡胶结合剂和金属结合剂。

(5) 组织

砂轮的组织是指组成砂轮的磨料、结合剂、空隙三部分体积的比例关系。通常以磨粒所占砂轮的百分比来分级。

(6) 形状和尺寸

砂轮的形状和尺寸是根据磨床类型、加工方法及工件的加工要求来确定的。砂轮的特性均标记在砂轮的侧面上，其顺序是：形状代号、尺寸、磨料、粒度号、硬度、组织号、结合剂和允许的最高线速度。

6.25 磨屑的形成过程

(1) 滑擦阶段

磨粒开始与工件接触，切削厚度由零逐渐增大。由于切削厚度较小，而磨粒切削刃的钝圆半径及负前角又很大，磨粒沿工件表面滑行并产生强烈的挤压摩擦，使工件表面材料产生弹性及塑性变形，工件表层产生热应力。

(2) 刻划阶段

随着切削厚度的增大，磨粒与工件表面的摩擦和挤压作用加剧，磨粒开始切入工件，使工件材料因受挤压而向两侧隆起，在工件表面形成沟纹或划痕。此时除磨粒与工件间相互摩擦外，更主要的是材料内部发生摩擦，工件表层不仅有热应力，还有由于弹塑性变形所产生的变形应力。此阶段将影响工件表面粗糙度并产生表面烧伤、裂纹等缺陷。

(3) 切削阶段

当切削厚度继续增大至一定值时，磨削温度不断升高，挤压力大于工件材料的强度，被切材料明显地沿剪切面滑移而形成切屑，沿磨粒前刀面流出。工件表面也产生热应力和变形应力。

6.26 磨削烧伤

由于磨削表面层的温度很高，引起表面金相组织变化，并产生极大的表面残余应力和细微裂纹的现象。包括回火烧伤、淬火烧伤和退火烧伤。

(1) 回火烧伤

如果工件表面层温度未超过相变临界温度（一般中碳钢为720℃），但超过马氏体的转变温度（一般中碳钢为300℃），工件表面将产生回火组织（回火屈氏体和回火索氏体），硬度比原来的回火马氏体低。

(2) 淬火烧伤

如果工件表面层温度超过相变临界温度，再加上充分的冷却液，则表面层急冷形成二次淬火马氏体，硬度高于回火马氏体，但极薄，只有几微米厚，在它下层由于冷却较慢出现了比回火马氏体硬度低的组织。

(3) 退火烧伤

如果工件表面层温度超过相变临界温度，又无冷却液，则表面硬度急剧下降，工件表层被退火。

(4) 防止或减轻磨削烧伤的方法

1) 选择粗粒度的砂轮。

2）同时提高工件速度和砂轮速度。

3）合理选择磨削用量。

4）提供良好的冷却润滑条件。

6.27 强迫振动的特点

1）是一种外界周期性干扰力作用所引起的不衰减振动。

2）强迫振动是在外界周期性干扰力的作用下产生的，但振动本身并不能引起干扰力的变化。作用在加工系统上的干扰力是简谐激振力，则强迫振动的稳态过程也是简谐振动，只要这个激振力存在，该振动就不会被阻尼衰减。

3）不管加工系统本身的固有频率多大，强迫振动的频率总与外界干扰力的频率相同或呈倍数关系。

4）强迫振动振幅在很大程度上取决于干扰力的频率 ω 与加工系统固有频率 ω_0 的比值 ω/ω_0。当 $\omega/\omega_0 = 1$ 时，振幅达最大值，此现象称为"共振"。

5）强迫振动振幅的大小除了与 $\omega/\omega_0 = 1$ 有关，还与干扰力、系统刚度及阻尼系数有关。

6.28 自激振动的特点

1）当系统受到外界偶然扰动而产生振动时，振动过程自身将产生维持振动的交变力，振动力停止，交变力即消失。

2）自激振动是一种不衰减振动。

3）自激振动的频率等于或接近系统的固有频率。

4）自激振动的形成和持续是由切削过程产生的。若切削停止，自激振动就停止了。

5）自激振动能否产生及振幅大小取决于每一振动周期内系统所获得能量与消耗能量的对比情况。

习 题

6-1 机械加工精度包含哪些内容？获得的方法有哪些？

6-2 试说明加工精度、加工误差、公差的概念及它们之间的区别。

6-3 为什么对卧式车床床身导轨在水平面内的直线度要求高于在垂直面内的直线度要求？为什么对平面磨床床身导轨的要求却相反？对镗床导轨的直线度为什么在水平面与垂直面都有较高的要求？

6-4 什么是主轴回转误差？它包括哪些方面？

6-5 什么是误差复映？误差复映系数的大小与哪些因素有关？

6-6 在车床上加工一个直径为 $\phi 80$mm、长为 2000mm 的长轴外圆,工件材料为 45 钢,切削用量为 $v = 2$m/s,$a_p = 0.4$mm,$f = 0.2$mm/r,刀具材料为 YT15,如果只考虑刀具磨损引起的加工误差,问该轴车后能否达到 IT8 的要求?

6-7 下图所示为在镗床上镗孔,镗床主轴与工作台面有平行度误差 α。当工作台进行进给运动时,所加工的孔将产生何种误差?其值为多大?当主轴进行进给运动时,该孔将产生何种误差?其值为多大?

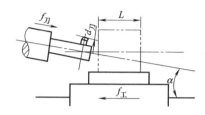

6-8 假设工件的刚度极大,且车床主轴、尾座刚度不等,$k_{主轴} > k_{尾座}$,试分析下图所示的三种加工情况,加工后工件表面会产生何种形状误差?

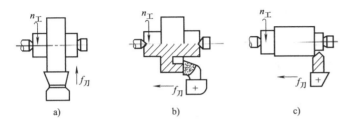

6-9 加工一合金钢管,其外径为 $\phi 100_{-0.054}^{0}$mm,长度 $l = 2100$mm,圆柱度公差在全长范围内为 0.02mm。选用刀具材料 YT15(单位磨损量 $\mu_0 = 8.5\mu m$,初始磨损量 $\mu_B = 4\mu m$),进给量 $f_1 = 0.32$mm/r,试分析由于刀具磨损产生的圆柱度误差是否超差?若改用 YT30 车刀(单位磨损量 $\mu_0 = 3.5\mu m$,初始磨损量 $\mu_B = 2\mu m$),采用大进给 $f_2 = 1.98$mm/r 加工,试分析由于刀具磨损是否会造成圆柱度超差?

6-10 在卧式铣床上按下图所示的装夹方式用铣刀 A 铣削键槽。经测量发现：工件两端处的深度大于中间的。试分析产生这一现象的原因。

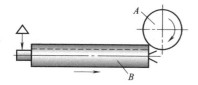

6-11 已知某车床部件刚度为 $k_{主} = 44500\text{N/mm}$，$k_{刀架} = 13330\text{N/mm}$，$k_{尾} = 30000\text{N/mm}$，$k_{刀具}$ 很大。

（1）如果工件是一个刚度很大的光轴，装夹在两顶尖间加工，试求：

1）刀具在床头处的工艺系统刚度。
2）刀具在尾座处的工艺系统刚度。
3）刀具在工件中点处的工艺系统刚度。
4）刀具在距床头为 2/3 工件长度处的工艺系统刚度。

要求画出加工后工件的大致形状。

（2）如果 $F_y = 500\text{N}$，工艺系统在工件中点处的实际变形为 0.05mm，求工件的刚度。

6-12 在车床上用前后顶尖装夹，车削长为 800mm，外径要求为 $\phi 50_{-0.04}^{0}$mm 的工件外圆。已知 $k_{主}=10000\text{N/mm}$，$k_{尾}=5000\text{N/mm}$，$k_{刀架}=4000\text{N/mm}$，$F_y=300\text{N}$，试求：

(1) 由于机床刚度变化所产生的工件最大直径误差，并按比例画出工件的外形。

(2) 由于工件受力变形所产生的工件最大直径误差，并按比例画出工件的外形。

(3) 综合考虑上述两种情况后，工件最大直径误差是多少？能否满足预定的加工要求？若不符合要求，可采取哪些措施解决？

6-13 已知车床车削工件外圆时的 $k_{系} = 20000$N/mm，毛坯偏心 $e = 2$mm，毛坯最小背吃刀量 $a_{p2} = 1$mm，$C = 1500$N/mm，问：

(1) 毛坯最大背吃刀量 a_{p1} 是多少？

(2) 第一次走刀进给后，反映在工件上的残余偏心误差 $\Delta_{工1}$ 是多少？

(3) 第二次走刀进给后的 $\Delta_{工2}$ 是多少？

(4) 第三次走刀进给后的 $\Delta_{工3}$ 是多少？

(5) 若其他条件不变，让 $k_{系} = 10000$N/mm，求 $\Delta'_{工1}$，$\Delta'_{工2}$，$\Delta'_{工3}$ 各为多少？并说明 $k_{系}$ 对残余偏心的影响规律（要求配示意图说明）。

6-14 在外圆磨床上磨削如下图所示轴类工件的外圆 φ，若机床几何精度良好，试分析所磨外圆出现纵向腰鼓形的原因。

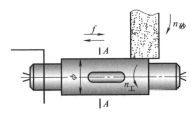

6-15 在车床上加工一批光轴的外圆，加工后经测量发现整批工件有下列几何形状误差：

（1）锥形，如下图 a 所示。

（2）鞍形，如下图 b 所示。

（3）腰鼓形，如下图 c 所示。

（4）喇叭形，如下图 d 所示。

试分别说明可能产生上述误差的各种因素。

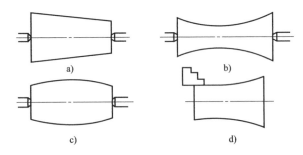

6-16 下图所示为在卧式镗床上加工箱体孔的四种镗孔方式，若只考虑镗杆刚度的影响，试分析说明加工后孔的形状，并解释为什么？

(1) 镗杆送进，有后支承，如下图 a 所示。
(2) 镗杆送进，无后支承，如下图 b 所示。
(3) 工作台送进，如下图 c 所示。
(4) 在镗模上加工，如下图 d 所示。

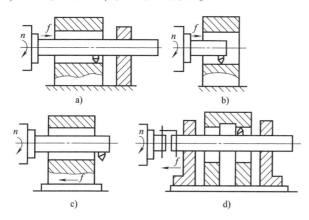

6-17 如下图所示，在外圆磨床上磨削零件外圆，当 $n_1 = 2n_2$ 或 $n_1 = n_2$ 时，若只考虑主轴回转误差的影响，试分析在图中给定砂轮轴与滑动轴承孔形状不同的两种情况下，磨削后工件外圆的形状，并解释为什么？

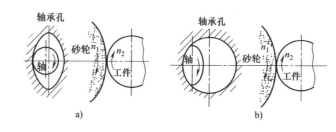

6-18 在外圆磨床上磨削一个刚度较大的光轴，磨削时工件表面温度曾升高到850℃，其密度从7.75g/cm³增至7.78g/cm³。磨削时使用切削液，钢的线膨胀系数 $\alpha = 11.5 \times 10^{-6}/℃$。试问：

（1）工件冷却到室温（20℃）时，表面上会产生多大的残余应力（钢的弹性模量 $E = 2.1 \times 10^{11} \text{N/m}^2$）？

（2）其残余应力是压应力还是拉应力？

6-19 在某车床上加工一根长为1632mm的丝杠，要求加工成8级精度，其螺距累积误差的具体要求为：在25mm长度上不大于18μm；在100mm长度上不大于25μm；在300mm长度上不大于35μm；在全长上不大于80μm。在精车螺纹时，若机床丝杠的温度比室温高2℃，工件丝杠的温度比室温高7℃，从工件热变形的角度分析，精车后丝杠能否满足预定的加工要求？

6-20 在外圆磨床上磨削某薄壁衬套 A，如下图 a 所示，衬套 A 装在心轴上后，用垫圈及螺母压紧，然后顶在顶尖上磨削衬套 A 的外圆至图样要求。卸下工件后发现工件呈鞍形，如下图 b 所示，试分析其原因。

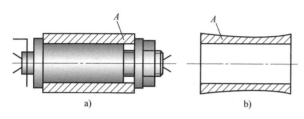

6-21 有一板状框架铸件，壁 3 薄，壁 1 和壁 2 厚，当采用宽度为 B 的铣刀铣断壁 3 后（如下图所示），断口尺寸 B 将会因内应力重新分布产生什么样的变化？并解释为什么？

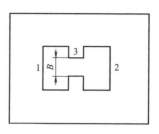

6-22 试分别说明下列各种加工条件下，工艺系统产生热变形及其对加工误差的影响有何不同：

(1) 刀具的连续切削与间断切削。

(2) 加工时工件均匀受热与不均匀受热。

(3) 机床热平衡前与热平衡后。

6-23 在调整好的自动机床上加工一批小轴，加工中又调整了一次刀具，分别以概率密度为纵坐标和以频数为纵坐标，试画出加工后这批小轴的尺寸误差分布曲线，并简述这两条曲线的异同点。

6-24 车削一批轴的外圆,其尺寸要求为 $\phi 20_{-0.1}^{0}$mm,若此工序尺寸按正态分布,均方根误差 $\sigma = 0.025$mm,公差带中心小于分布曲线中心,其偏移量 $e = 0.03$mm。试指出该批工件的常值系统性误差及随机误差有多大?并计算其产品合格品率及废品率。

6-25 在均方根误差 $\sigma = 0.02$mm 的某自动车床上加工一批 $\phi 10 \pm 0.1$mm 小轴外圆,问:
(1) 这批工件的尺寸分散范围多大?
(2) 这台自动车床的工序能力系数是多少?
若这批工件数量 $n = 100$,分组间隙 $\Delta x = 0.02$mm,试画出这批工件以频数为纵坐标的理论分布曲线。

6-26 有一批轴套，要求套孔直径尺寸为 $\phi 79.965^{+0.035}_{0}$ mm，加工后尺寸属正态分布，测量计算得一批工件孔直径的算术平均值 $\bar{x}=79.975$ mm，均方根误差 $\sigma=0.01$ mm。试计算合格品率及废品率，分析废品产生的原因，指出减少废品率的措施。

6-27 在自动车床上加工一批外径为 $\phi 11\pm 0.05$ mm 的小轴。现每隔一定时间抽取容量 $n=5$ 的一个小样本，共抽取 20 个顺序小样本，逐一测量每个顺序小样本的每个小轴外径尺寸，并计算出顺序小样本的平均值 $\bar{x}_i$ 和极差 R_i，其值列于下表中。试设计 $\bar{x}$-R 点图，并判断该工艺过程是否稳定。

顺序小样本数据表 （单位：mm）

样本号	平均值 $\bar{x}_i$	极差 R_i	样本号	平均值 $\bar{x}_i$	极差 R_i
1	10.986	0.09	11	11.020	0.09
2	10.994	0.08	12	10.976	0.08
3	10.994	0.11	13	11.006	0.05
4	10.998	0.05	14	11.008	0.05
5	11.002	0.10	15	10.970	0.03
6	11.002	0.07	16	11.020	0.11
7	11.018	0.10	17	11.996	0.04
8	10.998	0.09	18	10.990	0.02
9	10.980	0.05	19	10.996	0.06
10	10.994	0.05	20	11.028	0.10

6-28 在两台相同的自动车床上加工一批轴的外圆，要求保证直径 $\phi 11\pm 0.02$mm，第一台加工 1000 件，其直径尺寸按正态分布，平均值 $\bar{x}_1 = 11.005$mm，均方根误差 $\sigma_1 = 0.004$mm。第二台加工 500 件，其直径尺寸也按正态分布，且 $\bar{x}_2 = 11.015$mm，均方根误差 $\sigma_2 = 0.0025$mm。试求：

（1）在同一图上画出两台机床加工的两批工件的尺寸分布图，并指出哪台机床的精度高。

（2）计算并比较哪台机床的废品率高，分析其废品率高的原因并提出改进的办法。

6-29 在自动车床上加工一批小轴,从中抽检200件,若以0.01mm为组距将该批工件按尺寸大小分组,所测得数据如下表:

尺寸间隔 /mm	自	15.01	15.02	15.03	15.04	15.05	15.06	15.07	15.08	15.09	15.10	15.11	15.12	15.13	15.14
	到	15.02	15.03	15.04	15.05	15.06	15.07	15.08	15.09	15.10	15.11	15.12	15.13	15.14	15.15
零件数 n_i		2	4	5	7	10	20	28	58	26	18	8	6	5	3

若图样的加工要求为 $\phi 15_{-0.04}^{+0.14}$ mm,试:

(1) 绘制整批工件实际尺寸的分布曲线。

(2) 计算合格率及废品率。

(3) 计算工艺能力系数。若该工件允许废品率为3%,工序精度能否满足要求?

(4) 分析出现废品的原因,并提出改进方法。

6-30 如下图所示，应用钻模钻一批工件的 φ15mm 孔，要求保证孔轴线与端面间尺寸为 50±0.08mm。若工序尺寸按正态分布，且分布中心的尺寸 $\bar{x}$ = 50.050mm，均方根误差 σ = 0.02mm。试问：

（1）这批工件的废品率是多少？
（2）为防止废品的产生应采取什么改进措施？
（3）此工序产生尺寸分散的主要原因及应采取的控制措施有哪些？

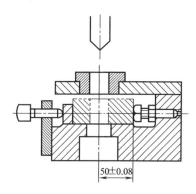

6-31 加工小轴及铜套各 1000 件，图样要求小轴的直径 $d=\phi 15_{-0.07}^{0}$ mm，铜套的孔径 $D=\phi 15_{0}^{+0.11}$ mm，加工后尺寸均呈正态分布，允许返修废品率小于 3%，每隔半小时从连续加工的工件中抽检四件为一组，经分组检验测得轴与孔的分组尺寸值的分布中心分别为 $\bar{x}_{\text{分轴}}=14.965$ mm，$\bar{x}_{\text{分孔}}=15.070$ mm，均方根误差 $\sigma_{\text{分轴}}=\sigma_{\text{分孔}}=0.01$ mm。

（1）试计算小轴与铜套的废品件数（是否可返修），分析产生废品的原因并提出改进措施。

（2）若对不满足加工要求的零件采取措施后再加工一批，使可返修废品率为 2.28%，那么采取的措施是什么？

6-32 在无心磨床上磨削圆柱销，直径要求为 $\phi 8_{-0.040}^{0}$ mm。每隔一段时间测量一组数据，共测得200个数据，列于下表，表中数据为 $(x+7960)$ μm。要求：

（1）画出 $\bar{x}$-R 图。
（2）判断工艺规程是否稳定。
（3）判断有无变值系统误差。

（单位：μm）

组号	测量值					平均值	极差	组号	测量值					平均值	极差
	x_1	x_2	x_3	x_4	x_5	$\bar{x_i}$	R_i		x_1	x_2	x_3	x_4	x_5	$\bar{x_i}$	R_i
1	30	25	18	21	29	24.6	12	11	26	27	24	25	25	25.4	3
2	37	29	28	30	35	31.8	9	12	22	22	20	18	22	20.8	4
3	31	30	33	35	30	31.8	5	13	28	20	17	28	25	23.6	11
4	35	40	35	35	38	36.6	5	14	24	25	28	34	20	26.2	14
5	36	30	43	45	35	37.8	15	15	29	28	23	24	34	28.6	11
6	43	35	38	30	45	38.2	15	16	38	35	30	33	30	33.2	8
7	35	18	25	21	18	23.4	17	17	28	27	35	38	31	31.8	11
8	21	18	11	23	28	20.2	17	18	30	31	29	31	40	32.2	11
9	20	15	21	25	19	20.0	10	19	28	38	32	28	30	31.2	10
10	26	31	24	25	26	26.4	7	20	33	40	38	33	30	34.8	10

6-33　机械加工表面质量包含哪些内容？

6-34　为什么机械零件的表面质量与加工精度具有同等重要的意义？

6-35　什么是砂轮硬度？砂轮硬度与磨料硬度、结合剂强度有何关系？

6-36　为什么机器零件一般都是从表面层开始破坏？

6-37 试述表面粗糙度、表面层物理力学性能对机器使用性能的影响。

6-38 为什么在切削加工中一般都会产生冷作硬化现象？

6-39 什么是回火烧伤？什么是淬火烧伤？什么是退火烧伤？为什么磨削加工时容易产生烧伤？

6-40 试述机械加工中工件表面层产生残余应力的原因。

6-41 改善加工表面质量的途径有哪些?

6-42 试述机械加工中产生自激振动的条件,并用以解释再生型颤振、耦合型颤振的激振机理。

6-43 车刀按如下图 a 所示的方式安装加工时有强烈振动发生，此时若将刀具反装（如下图 b 所示），或采用前后刀架同时车削（如下图 c 所示），或设法将刀具沿工件旋转方向转过某一角度装夹在刀架上（如下图 d 所示），加工中的振动就可能会减弱或消失，试分析其原因。

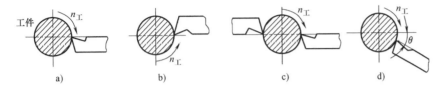

参 考 文 献

[1] 卢秉恒. 机械制造技术基础 [M]. 4版. 北京：机械工业出版社，2017.
[2] 王红军. 机械制造技术基础学习指导与习题 [M]. 北京：机械工业出版社，2018.
[3] 朱立达，巩亚东，史家顺. 机械制造技术基础学习辅导与习题解答 [M]. 北京：科学出版社，2017.
[4] 张崇高，唐火红. 机械制造技术基础习题集 [M]. 合肥：合肥工业大学出版社，2010.
[5] 任小中，任乃飞，薛进学，等. 机械制造技术基础习题集 [M]. 北京：机械工业出版社，2018.
[6] 冯之敬. 机械制造工程原理 [M]. 北京：清华大学出版社，2008.
[7] 曾志新，李勇，刘旺玉，等. 机械制造技术基础 [M]. 2版. 北京：国防工业出版社，2014.
[8] 吕明. 机械制造技术基础 [M]. 3版. 武汉：武汉理工大学出版社，2015.
[9] 倪小丹，杨继荣，熊运昌. 机械制造技术基础 [M]. 2版. 北京：清华大学出版社，2014.
[10] 蔡安江，于洋，牛秋林，等. 机械制造技术基础 [M]. 武汉：华中科技大学出版社，2018.
[11] 贾振元，王福吉，董海. 机械制造技术基础 [M]. 2版. 北京：科学出版社，2019.
[12] 司乃钧. 机械制造技术基础 [M]. 4版. 北京：高等教育出版社，2017.